- 여성 정장 손뜨개
- 여성 캐주얼웨어 손뜨개
- 남성과 어린이용 손뜨개
- 소품용 손뜨개

예신Books

F.o.r.e.w.o.r.d 머리말

50여 년 동안 뜨개질을 해오신 어머님! 어릴 적 제가 본 어머니는 항상 뜨개질을 하고 계셨습니다. 그래서인지 초등학교를 다니면서부터 제 손에는 실과 바늘이 쥐어져 있었습니다. 그런 제 모습이 싫어서 어머니께서는 뜨개질을 못하게 하였지만 뜨개질에 대한 제 호기심과 열정에 어느덧 어머니는 저의 스승님이 되어 계셨습니다.

어머니의 평생 소원이 손뜨개 작품 전시회를 열어 여러 사람들에게 보이고 싶어하셨는데, 어머니와 함께 작업을 하고 일을 하다보니 어머니의 꿈이 저의 꿈으로 바뀌었습니다. 이런 저희의 꿈을 알고 계시던 주위 분들이 전시회를 열기 전 책을 만들어 좀 더 많은 사람들에게 먼저 작품을 알리고, 좀 더 많은 사람들에게 작품을 만들 수 있는 방법을 알려 주는 게 좋지 않겠느냐는 조언을 해 주었고, 고민 끝에 이렇게 책을 펴내게 되었습니다.

머릿속에 있는 디자인을 실과 바늘로 만들기는 쉬웠지만 종이 위에 옮기기란 그리 쉽지 않았습니다. 제가 아는 한 최선을 다해 상세히 종이 위에 옮기기는 하였지만 독자분들께 얼마나 잘 전달될지 책을 펴내는 이 시점에 기대감과 함께 두려움이 생깁니다.

책을 펴내는데 많은 조언을 해 주신 사랑하는 어머니, 그리고 사랑털실 사장님께 감사드립니다.

또한, 책이 나오는데 힘써주신 출판사 사장님과 직원분들께 감사드립니다.

임현지(jwy1266@hanmail.net)

C.o.n.t.e.n.t.s 목차

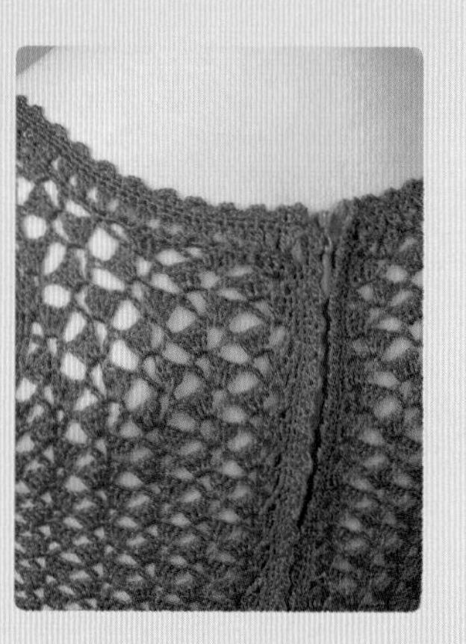

Part 1

여성 정장 손뜨개

1. 인디안 핑크 볼레로 8
2. 화이트 원피스 14
3. 한 복 20
4. 블루원피스와 머플러 26
5. 핑크드레스 32
6. 회색 투피스와 회색 볼레로 38
7. 연보라 투피스 46
8. 파랑나염 볼레로와 스커트 54
9. 엘레강스 숄과 투피스 60

Part 2

여성 캐주얼웨어 손뜨개

1. 체리핑크 볼레로 70
2. 체리핑크 민소매 74
3. 프리티 옐로 티셔츠 78
4. 파란 반짝이 민소매 84
5. 녹두색 면 반팔티 88
6. 무지개 티셔츠 94

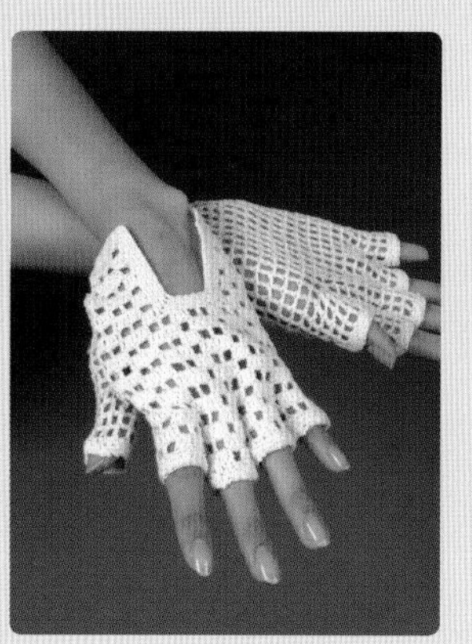

Part 3

남성과 어린이용 손뜨개

1. 흰색 남성 티셔츠 ——— 102
2. 파란색 남성용 셔츠 ——— 106
3. 산호색 어린이 슈트 ——— 112
4. 빨강색 어린이 원피스 ——— 116
5. 노란 어린이 드레스 ——— 120
6. 보라색 어린이 옷 ——— 124

Part 4

소품용 손뜨개

1. 공작무늬 커튼 ——— 130
2. 카페트 ——— 134
3. 4인용 식탁보 ——— 138
4. 타원형 가방과 패션 모자 ——— 142
5. 스포츠 가방과 테니스 모자 ——— 146
6. 무지개 가방 ——— 150
7. 빨강 패션 가방 ——— 154
8. 엘레강스 손가방 ——— 158
9. 골프 장갑 ——— 162
10. 빨강색 덧버선 ——— 164
11. 노랑색 덧버선 ——— 166

부록

코바늘뜨기 기호와 뜨는 법 ——— 170

P.a.r.t 1

여성 정장 손뜨개

1_인디안 핑크 볼레로

2_화이트 원피스

3_한복

4_블루원피스와 머플러

5_핑크드레스

6_회색 투피스와 회색 볼레로

7_연보라 투피스

8_파랑나염 볼레로와 스커트

9_엘레강스 숄과 투피스

1 Knitting

인디안 핑크 볼레로

레이스가 품성하게 달린 볼레로가 여성스러우면서도 귀여움이 느껴진다.
볼레로는 치마에도 어울리지만 발랄하고 캐주얼한 청바지 차림에도 멋스럽게 어울린다.

1. 칼라에서 앞, 밑단 전체를 연결해서 뜨기
2. 나뭇잎 모양의 프릴칼라
3. 주름처럼 풍성하게 늘여주기
4. 찰랑거리는 소매단

인디안 핑크 볼레로

완성 치수

66 size

재료와 도구

실 .... Terius사(인디안 핑크)

바늘 ... 코바늘 1.75호

뜨는 방법

❶ 앞판은 사슬 71코(무늬 5개)를 한 쪽으로 매 단에 코를 늘려 12단까지 14코(무늬 1개)를 증가시켜 총 무늬 6개가 되게 굴려준다.

❷ 앞판에서 30단 올라간 부분부터 앞목과 소매둘레를 줄이기 한다.

❸ 뒤판은 사슬 169(무늬 12개)를 시작해 30단 뜨고 소매둘레를 줄이고 뜨다가 어깨 29코(무늬 2개)를 3단만 더 떠서 뒷목을 파준다.

❹ 밑단과 앞단, 목단을 모두 연결해 단 무늬뜨기를 한다.

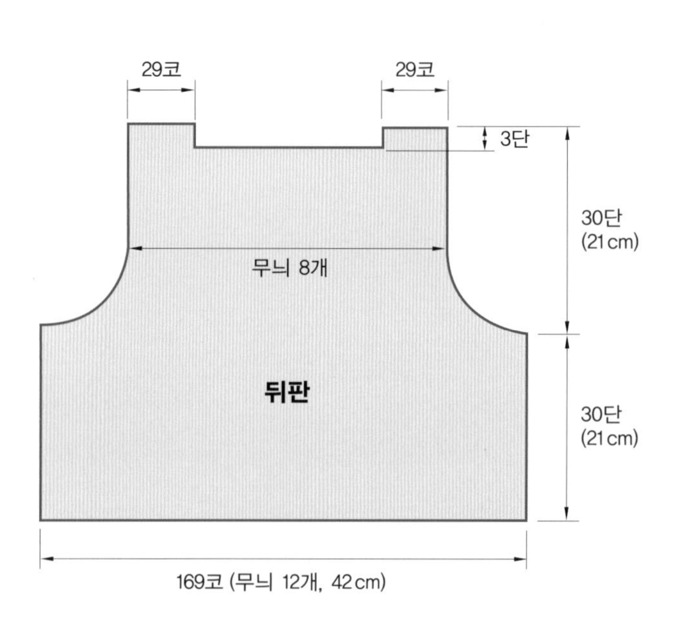

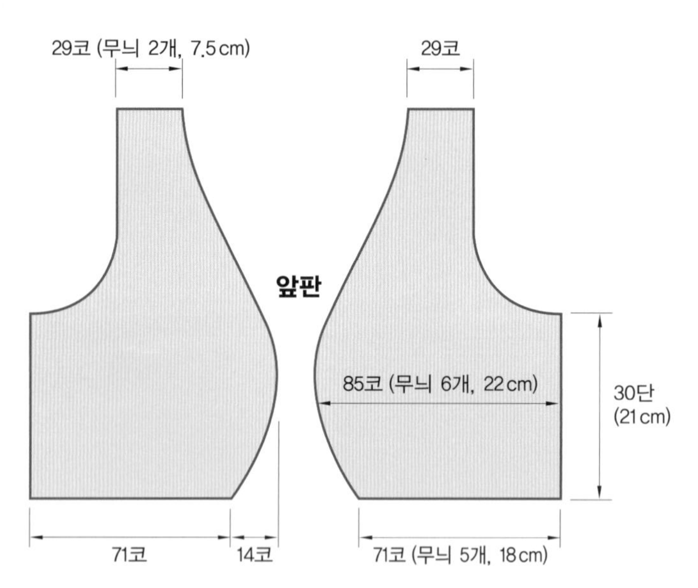

몸판 무늬뜨기(14코 6단 1무늬)

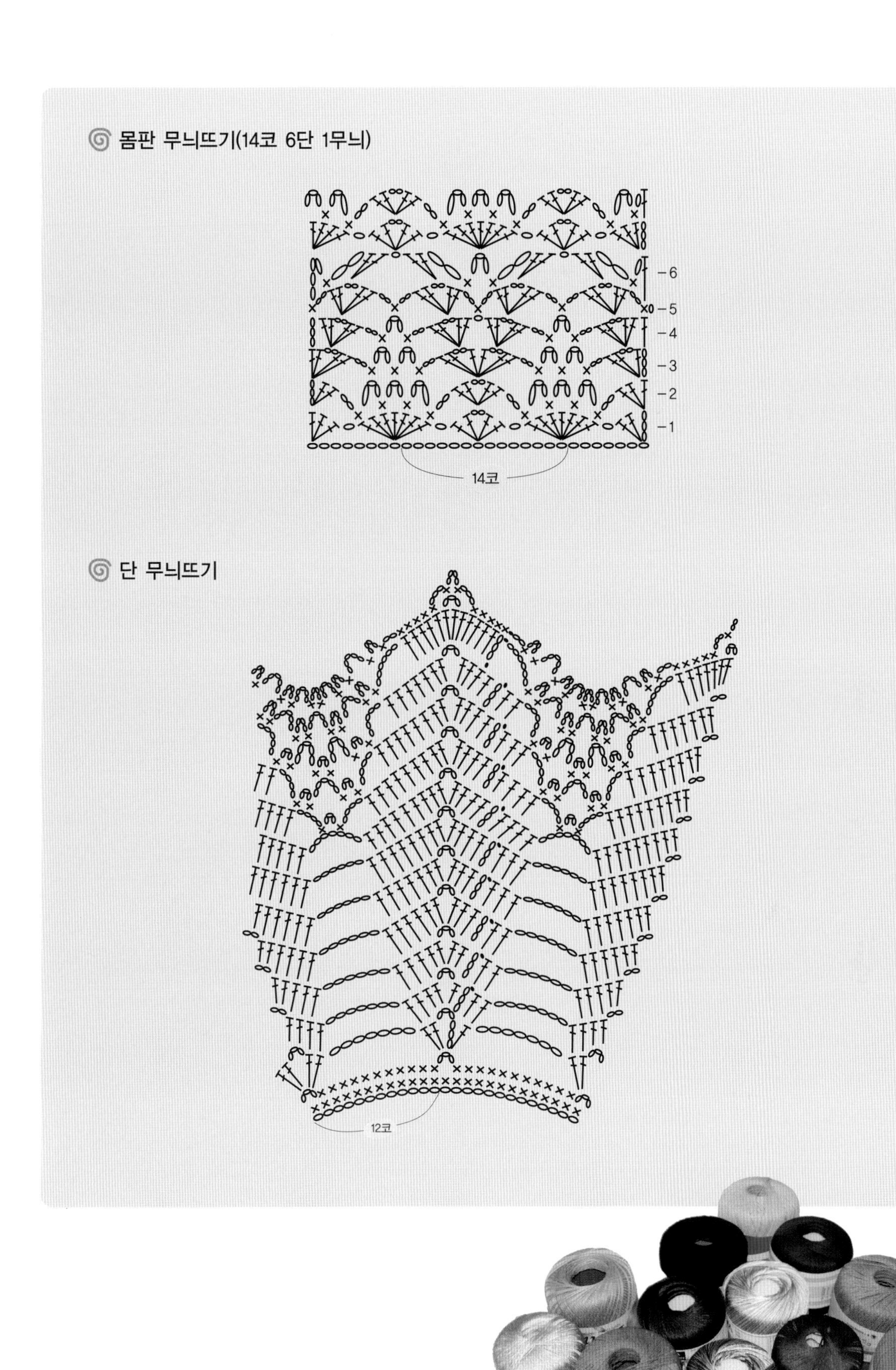

단 무늬뜨기

앞판

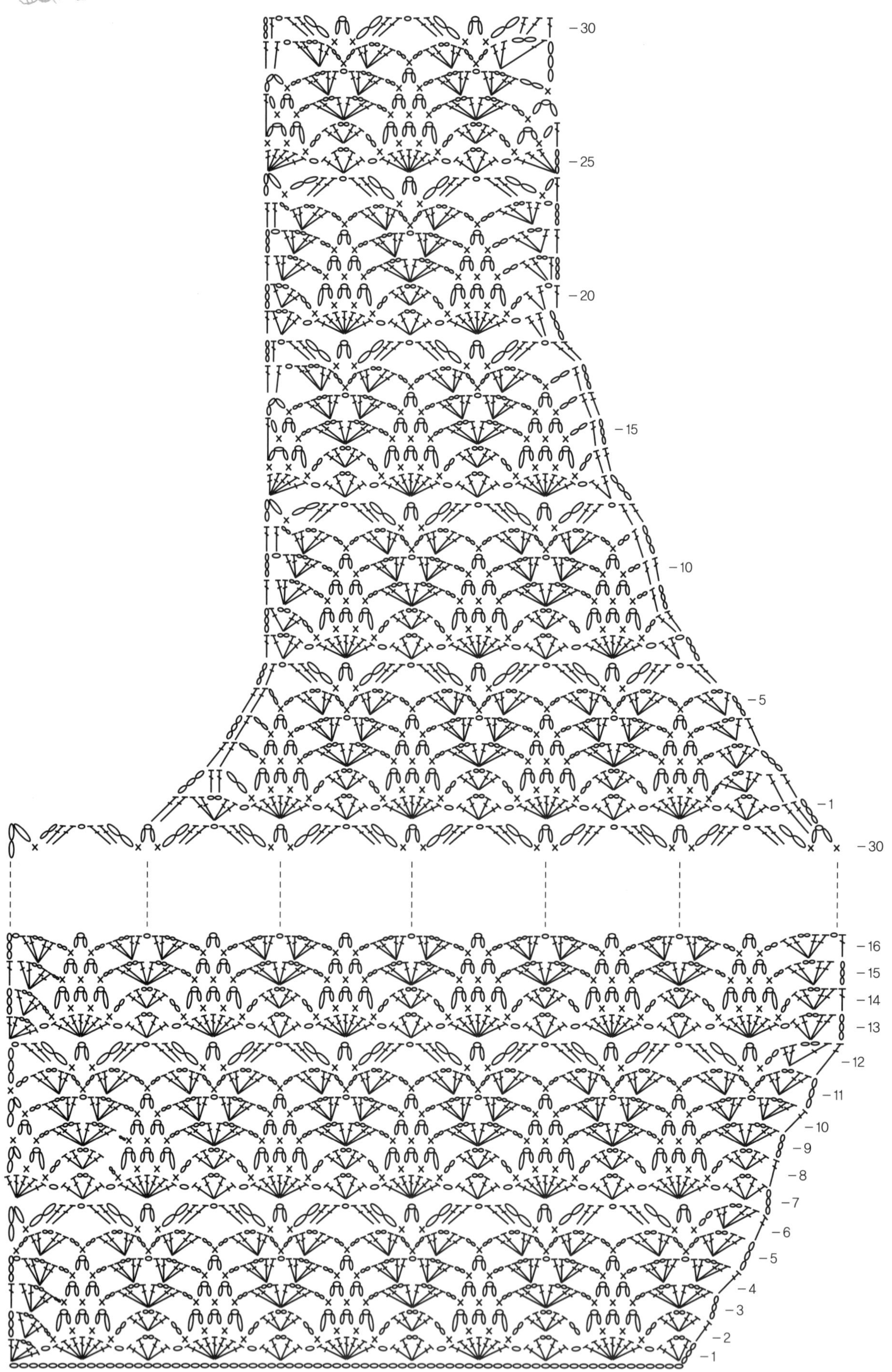

소 매

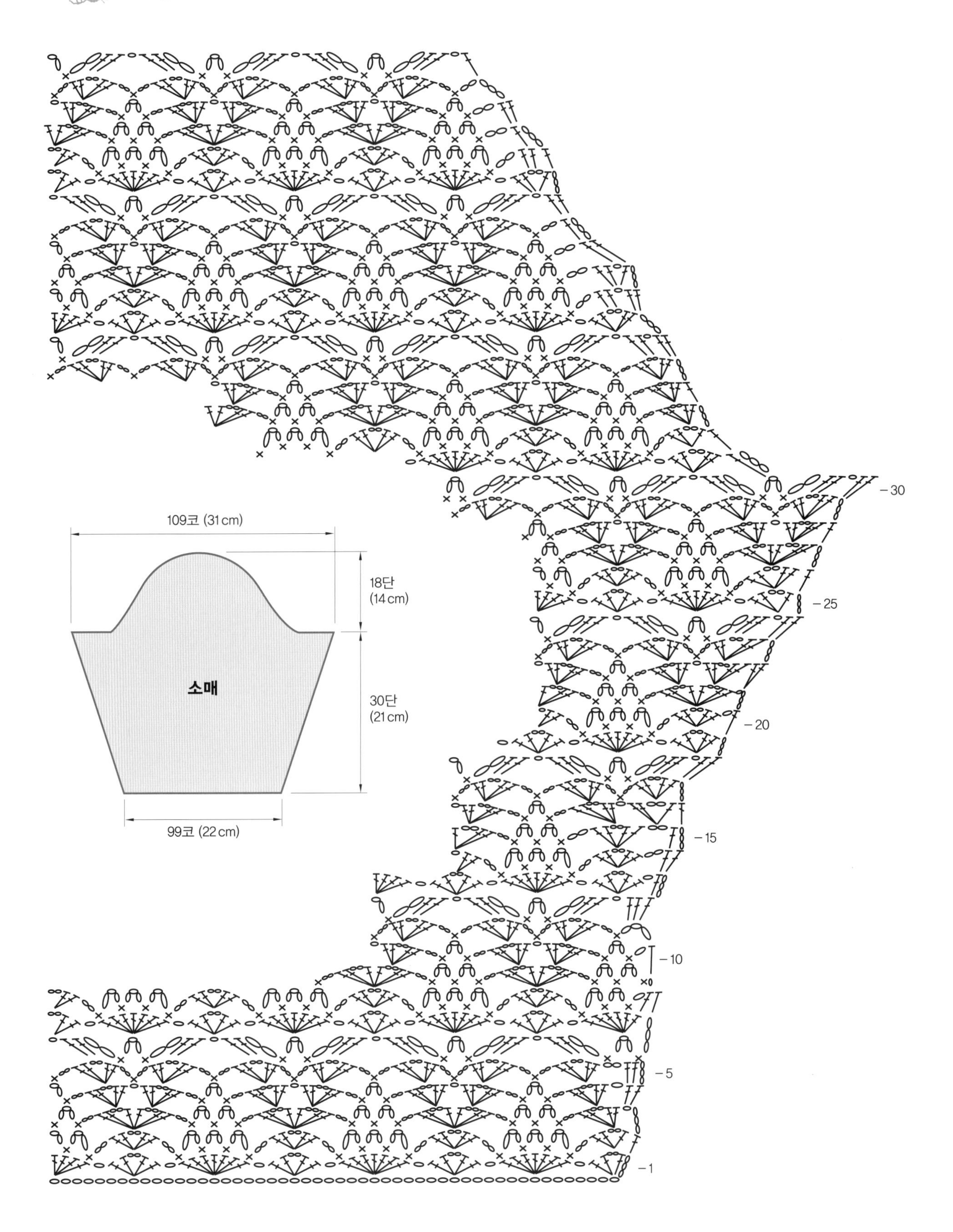

2 Knitting 화이트 원피스

뜨기 쉬운 무늬인데도 여성의 아름다움을 최대한 표현할 수 있는 원피스이다.
뚱뚱하든 날씬하든 어떤 체형에도 무난히 잘 어울리는 화사한 옷이다.

1. 라운드를 시원하게 파주고 짧은뜨기한 후 피코뜨기
2. 지퍼 달 곳은 짧은뜨기 후 앞, 뒤, 목단과 연결하여 피코뜨기
3. 허리 부분은 한길긴뜨기 2단 떠주기
4. 치마 끝단은 피코뜨기

화이트 원피스

완성 치수

66 size

재료와 도구

실 .... 흰색 카사리

바늘 ... 코바늘 2호

뜨는 방법

❶ 치마는 11코하고 무늬 27개, 사슬 297코로 시작한다.
치마는 4단에 한 무늬마다 2코씩 늘리기를 22회하며 원통뜨기를 한다.

❷ 치마 71단째는 피코뜨기로 마무리한다.

❸ 상체는 치마를 떴던 사슬코에서 시작하며 무늬 시작하기 전 2단 정도 긴뜨기를 뜬다.

❹ 상체는 11코하는 무늬 27개를 뜨는데 앞 · 뒤판 연결해서 뜨고 뒤쪽 지퍼달 곳은 오픈한다.

❺ 목단과 소매둘레 단은 짧은뜨기 1단을 돌리고 난 후 치마끝판과 같이 피코뜨기로 마무리한다.

❻ 뒤 지퍼다는 곳은 앞 · 뒤목단과 연결해 짧은뜨기를 한 후 피코뜨기로 단을 마무리한다.

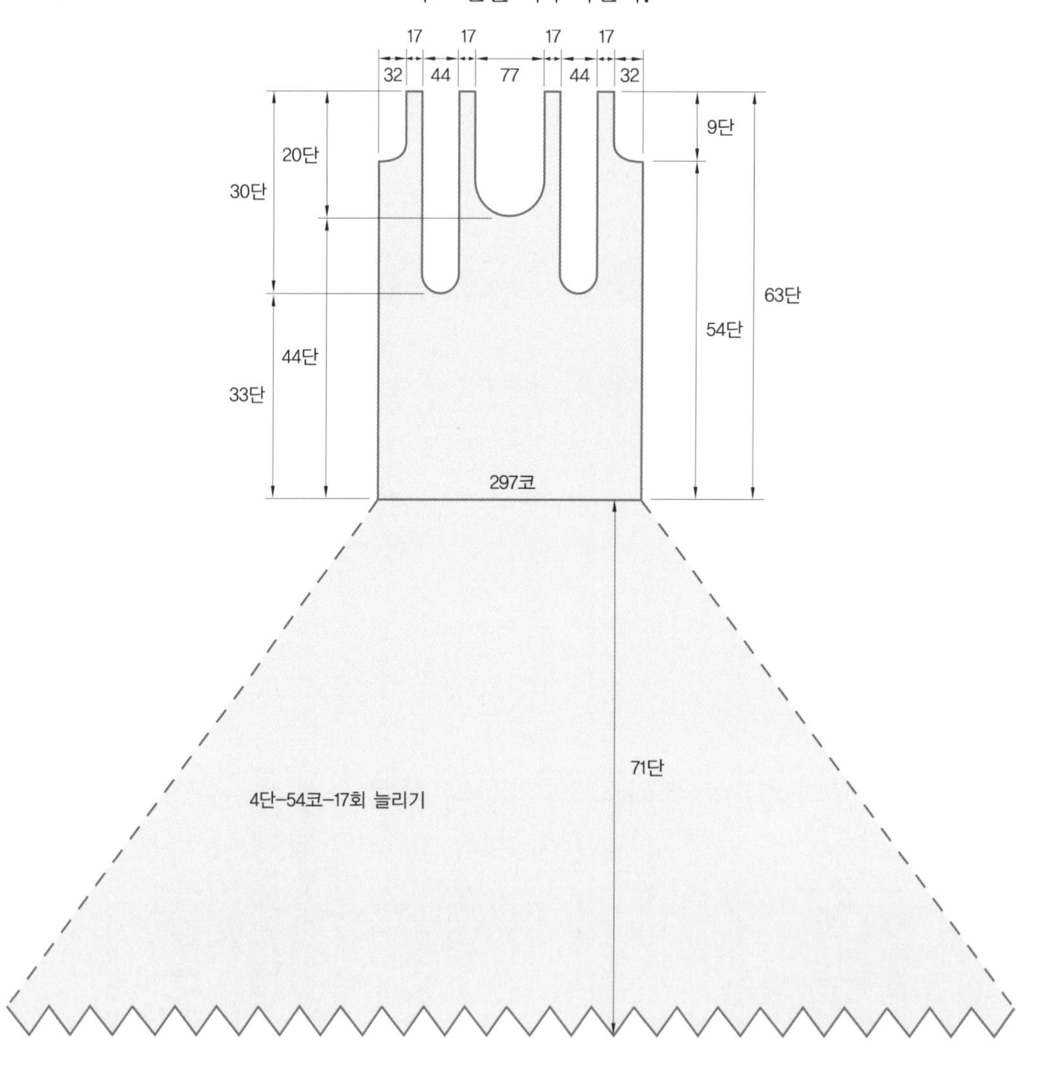

치마 끝부분

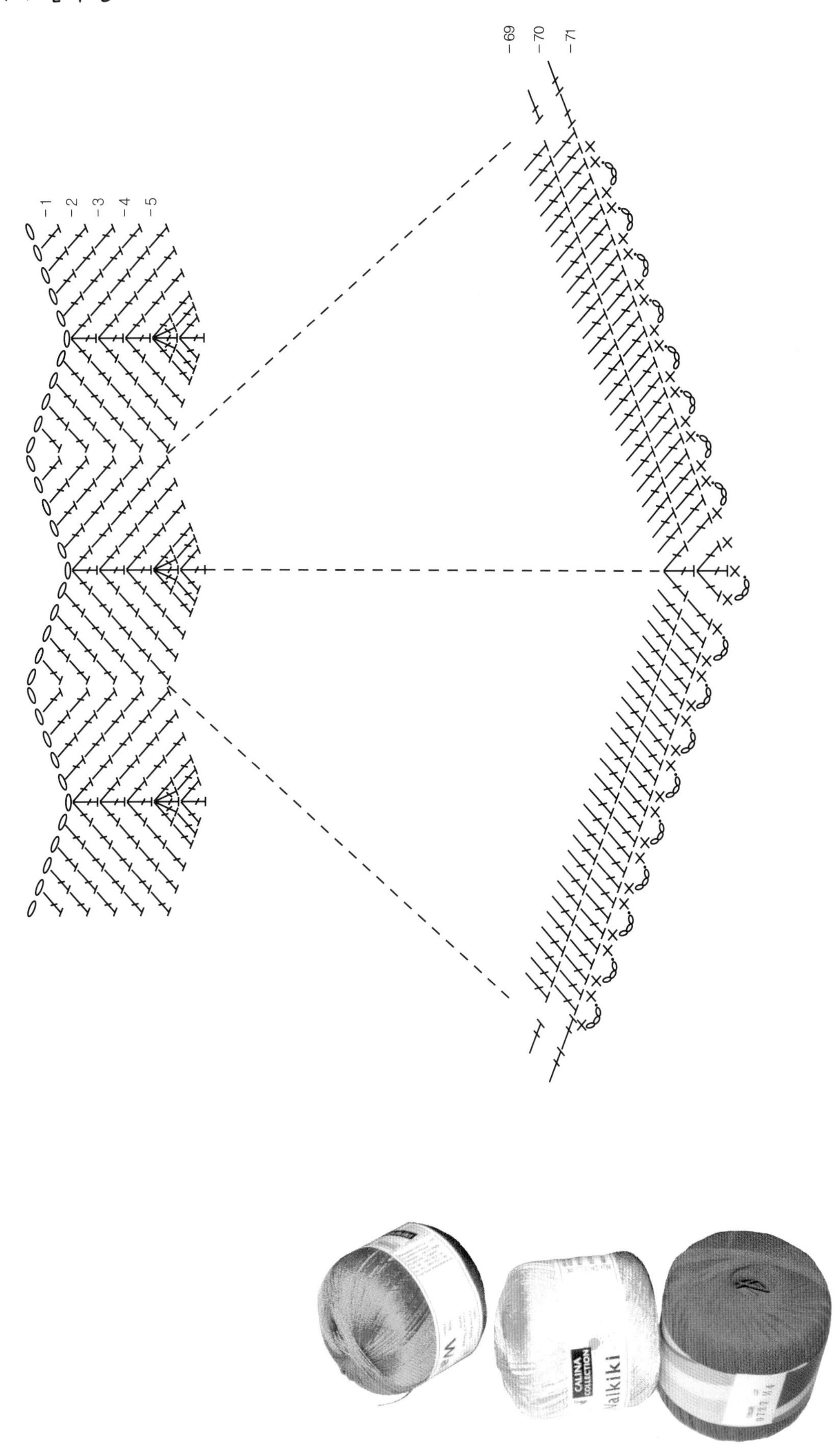

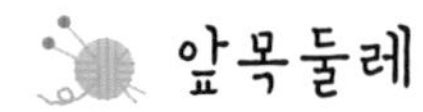

앞목둘레

63
62
61
60
59
58
57
56
55
54
53
52
51
50
49
48
47
46
45
44

뒷목둘레

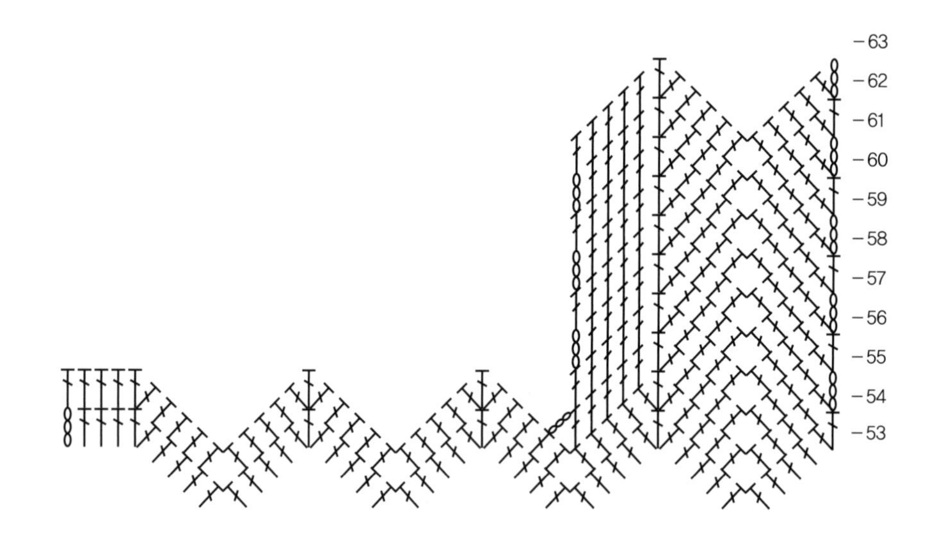
63
62
61
60
59
58
57
56
55
54
53

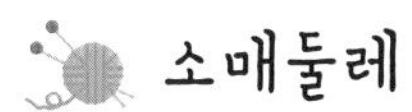

소매둘레

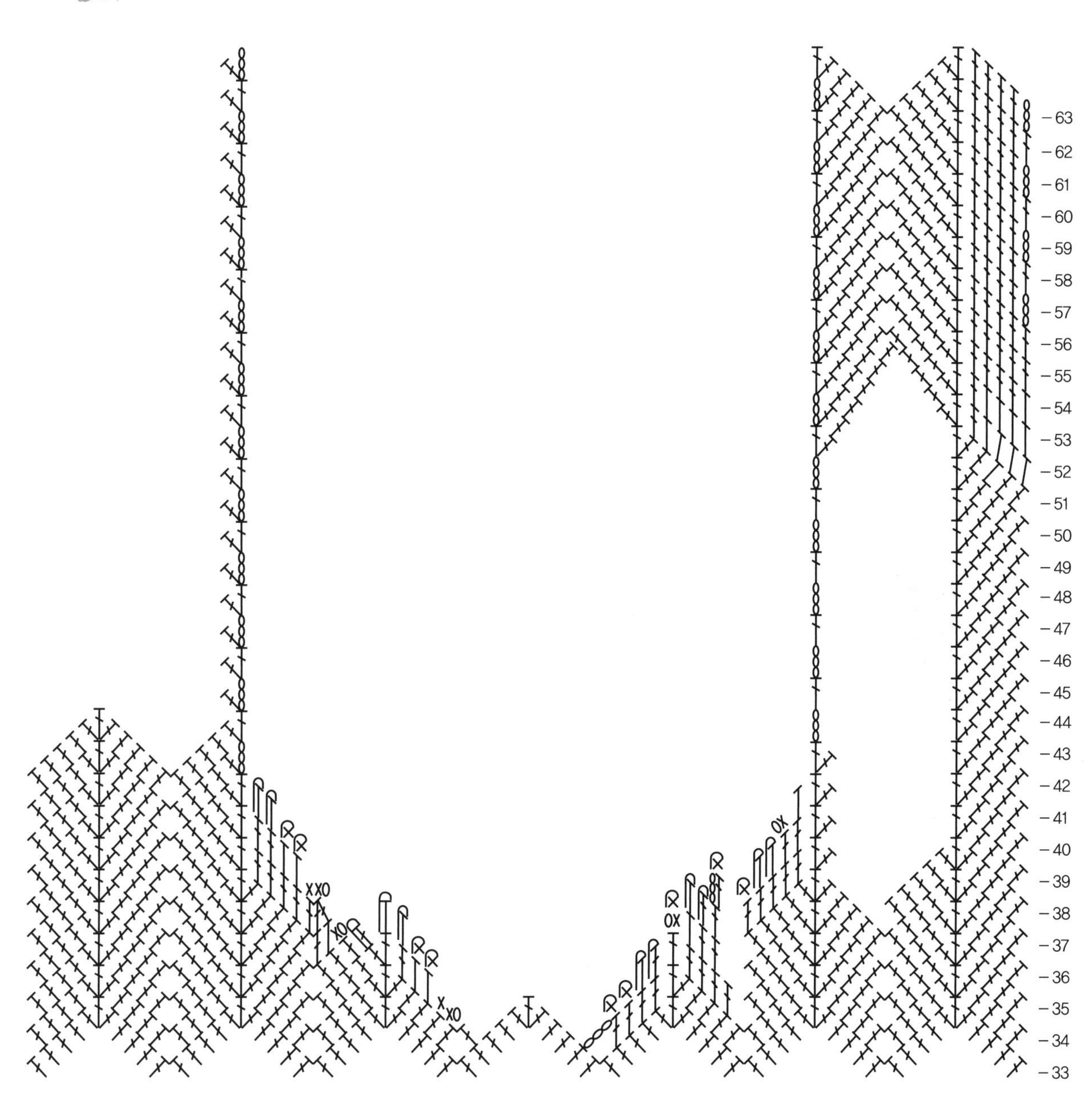

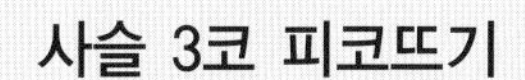

사슬 3코 피코뜨기

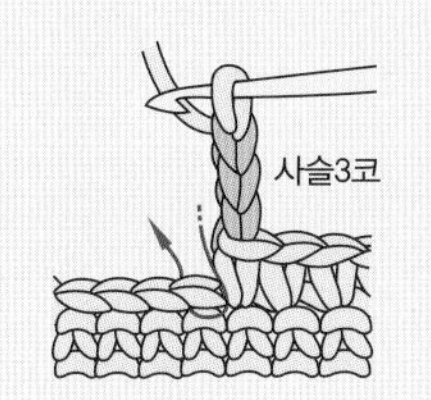

1 사슬 3코를 뜬 다음에 화살표의 위치에 바늘을 넣는다.

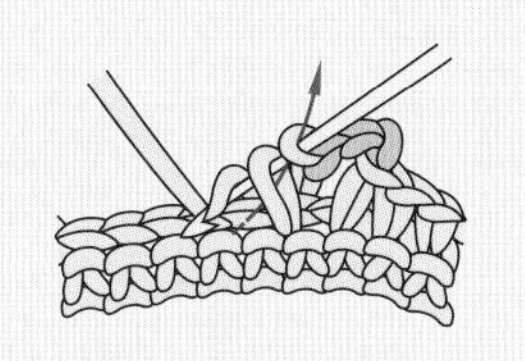

2 바늘에 실을 걸어서 빼내고, 다시 실을 걸어서 짧은뜨기를 뜬다.

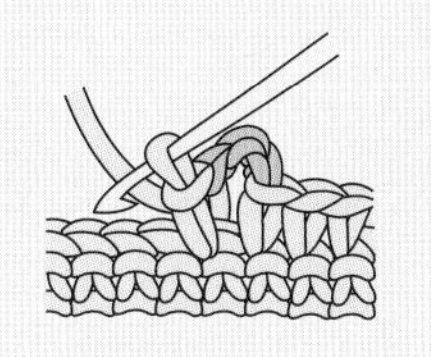

3 사슬 3코 피코뜨기 1개가 완성되었다.

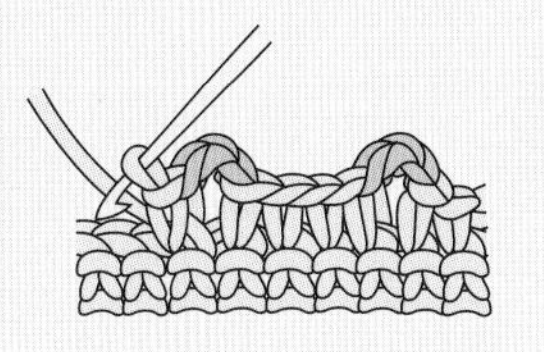

4 4코 간격으로 2번째 피코뜨기가 완성된다.

3 Knitting
한 복

곡선의 미를 최대한 살려 만든 한복이다. 소매 끝동, 깃, 고름을 치마와 같이 색을 넣어 멋스러움을 더했다.
치마는 저고리를 벗고서도 민소매 원피스로 입을 수 있도록 디자인 하였다.

1. 치마 어깨끈은 저고리와 동일 색상으로 뜬다.
2. 고름은 한길긴뜨기. 가장자리는 되돌아 짧은뜨기
3. 소매 끝동은 모티브뜨기
4. 치마 끝은 레이스 장식뜨기
5. 저고리 뒷판 무늬뜨기
6. 치마의 여밈에 지퍼를 달기

한 복

완성 치수
66 size
재료와 도구
실 .... 피카소 분홍색, 피카소 파랑색
바늘 ... 코바늘 2호

저고리 뜨는 방법

❶ 저고리는 뒤판 어깨 157코 사슬로 시작해서 30단 무늬뜨기한다. 앞판은 뒤판 어깨코 각각 51코를 주어 앞판 양쪽 어깨로 해서 떠 내려온다.

❷ 소매는 모티브뜨기 9개를 붙여 소매 끝동을 만들고 끝동 모티브에서 무늬를 시작해서 3단에 1번씩 양 옆으로 코를 늘리며 소매 곡선을 만들어 준다.

❸ 깃은 9단을 떠 동정을 달 수 있게 넓게 뜬다.

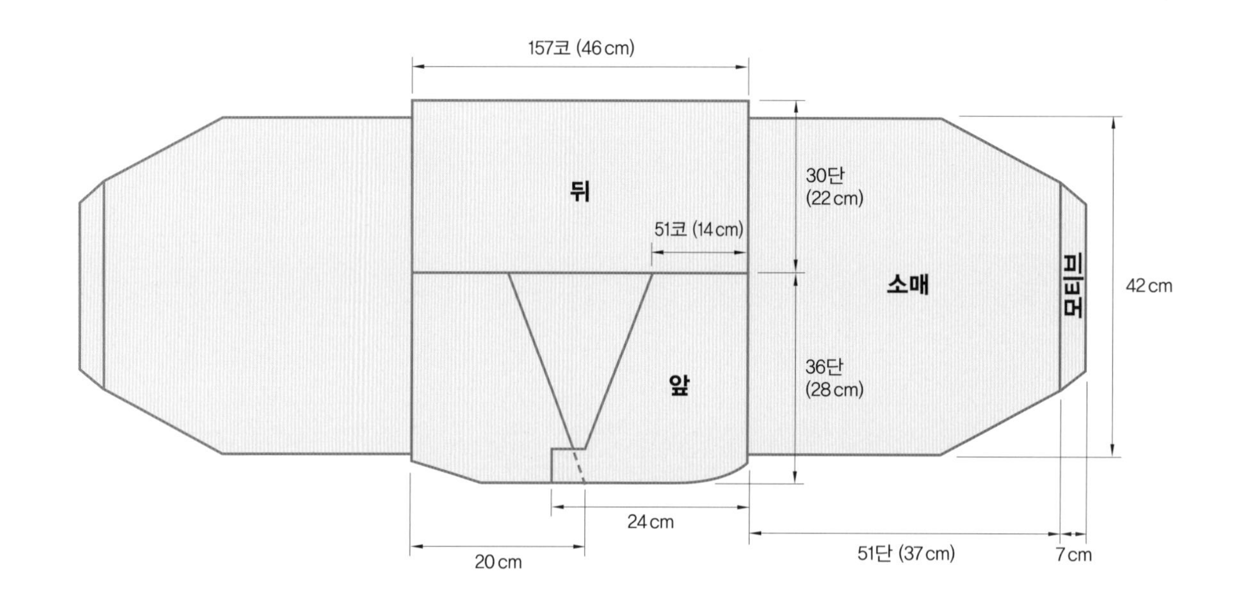

소매 모티브

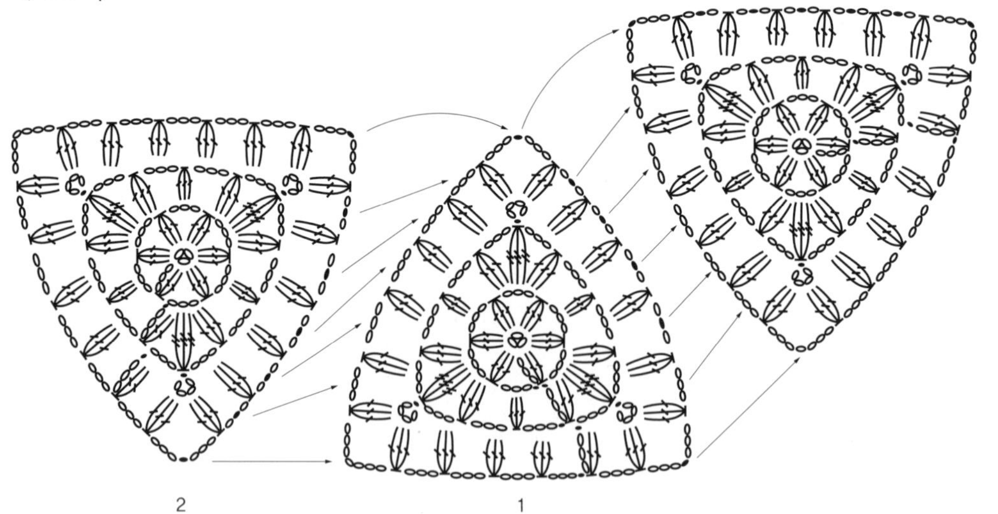

소 매

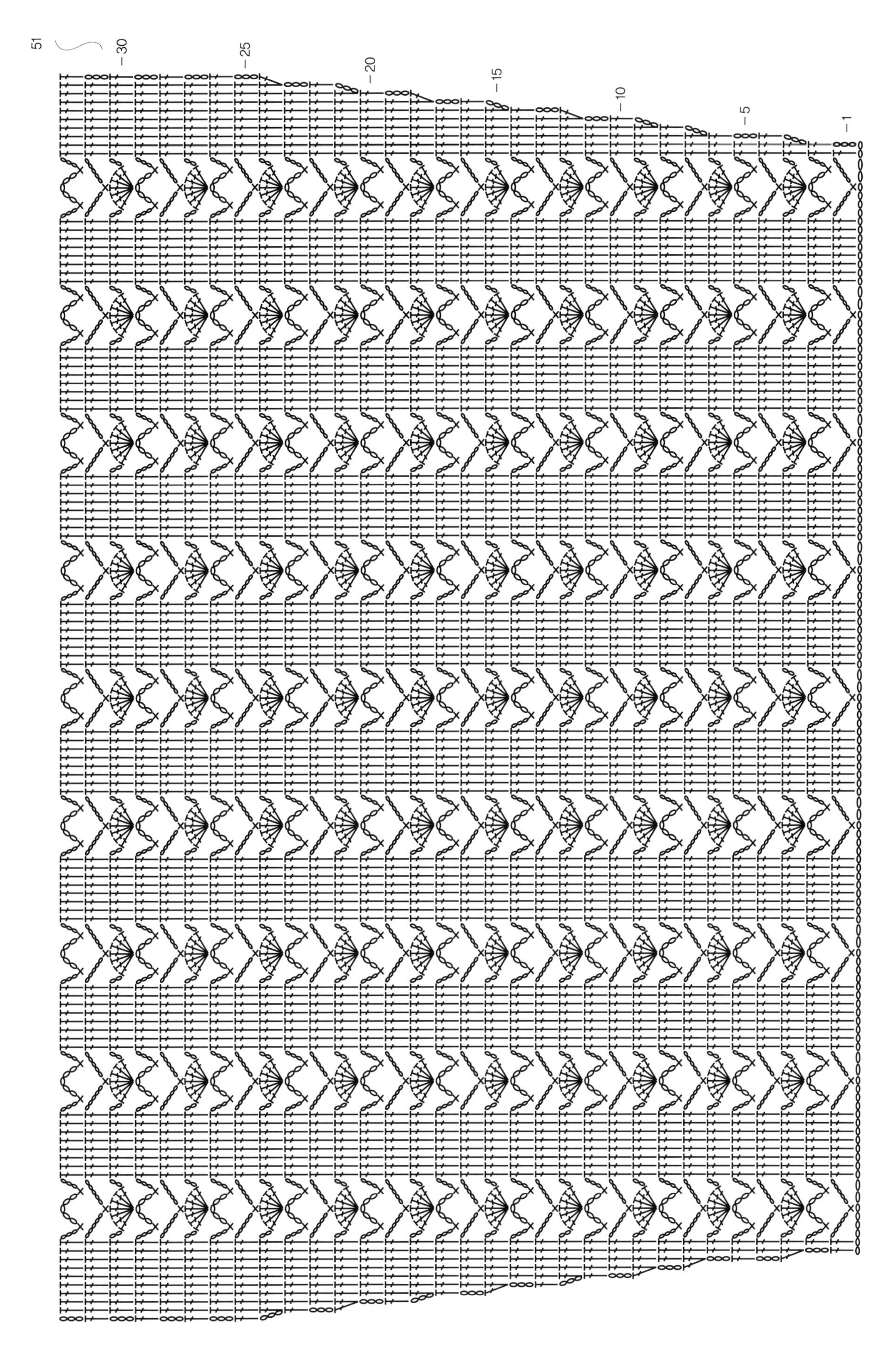

깃단 무늬

저고리 및 치마 밑단 무늬

왼쪽 앞판

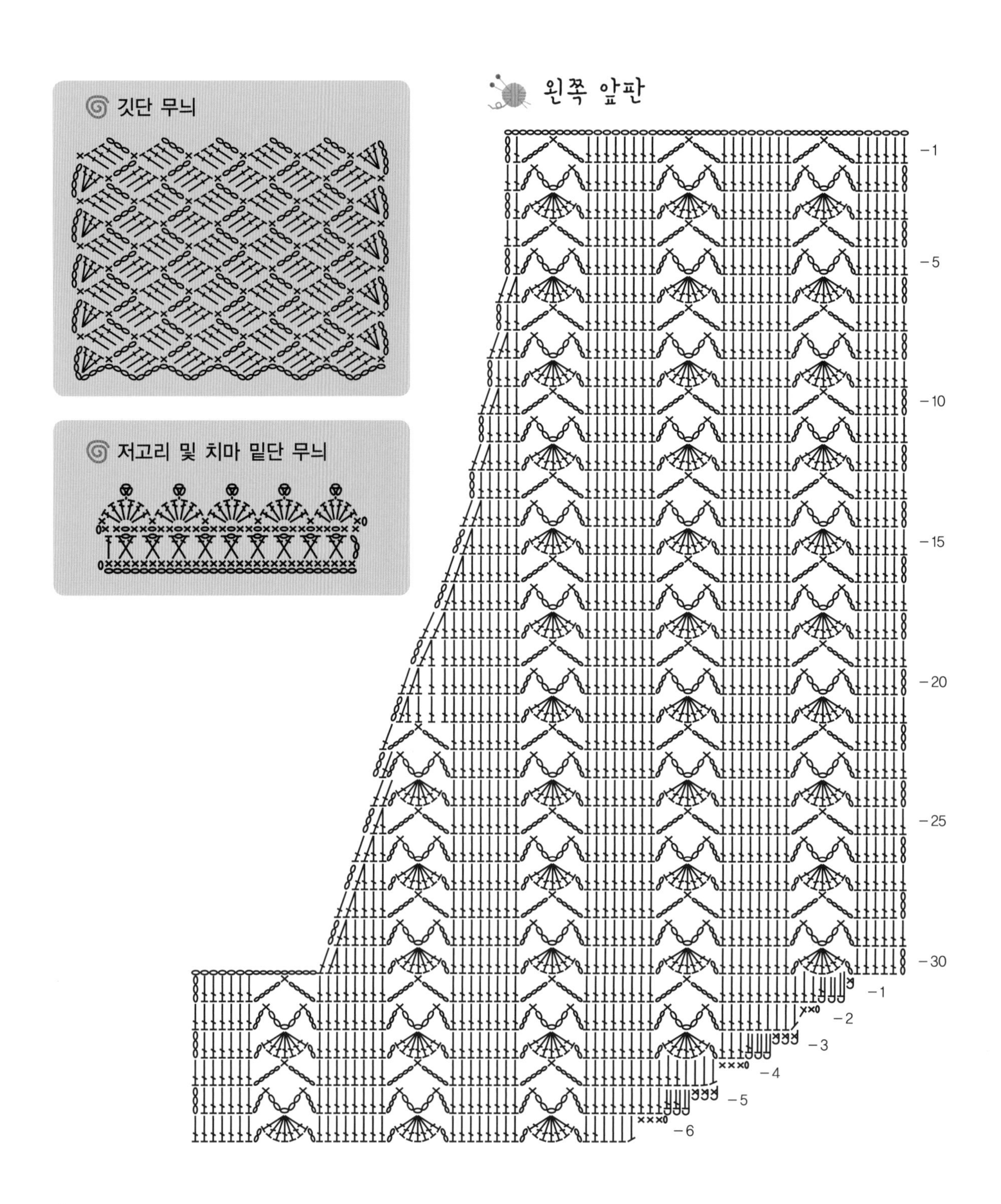

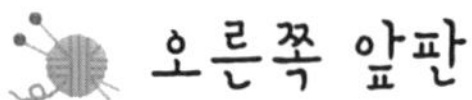

오른쪽 앞판

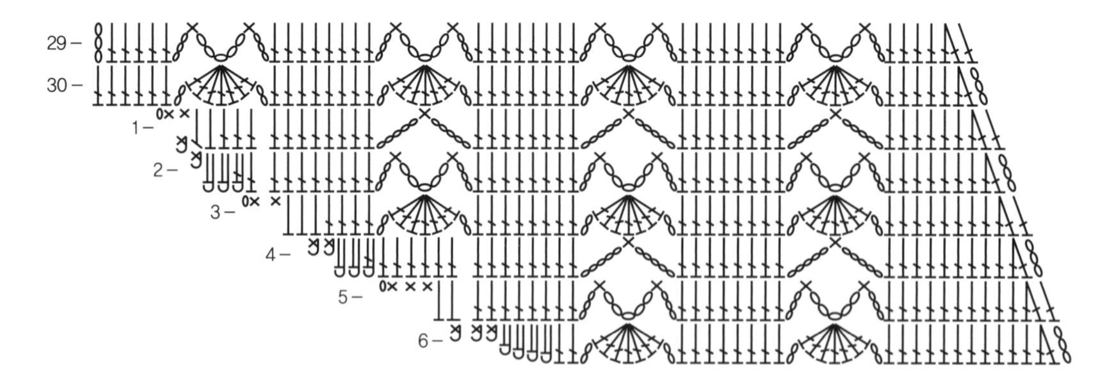

치마 뜨는 방법

❹ 치마는 가슴벨트를 뜬 후 가슴벨트 한 쪽을 치마 시작점으로 하고 한 쪽에 어깨끈을 뜬다.

❺ 치마에 가슴벨트는 사슬 21코를 긴뜨기로 82단 뜬 후 짧은뜨기로 3단을 띠로 둘러준다.

❻ 치마무늬로 시작해 11단까지는 늘리지 말고 12단째부터는 무늬마다 2코씩 늘려 4단에 50코 늘리기를 10회 한 수 120단이 될 때까지 계속 무늬뜨기한다.

❼ 어깨끈은 앞쪽 12코를 12단, 뒤쪽 12코를 12단 뜬 후 앞뒤를 붙인다.

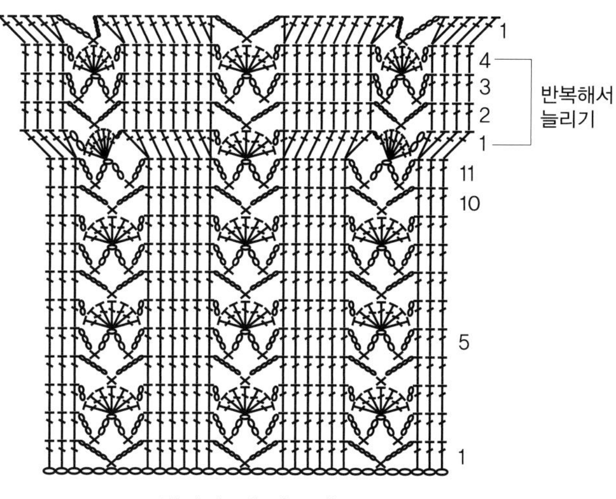

치마 늘려뜨는 법

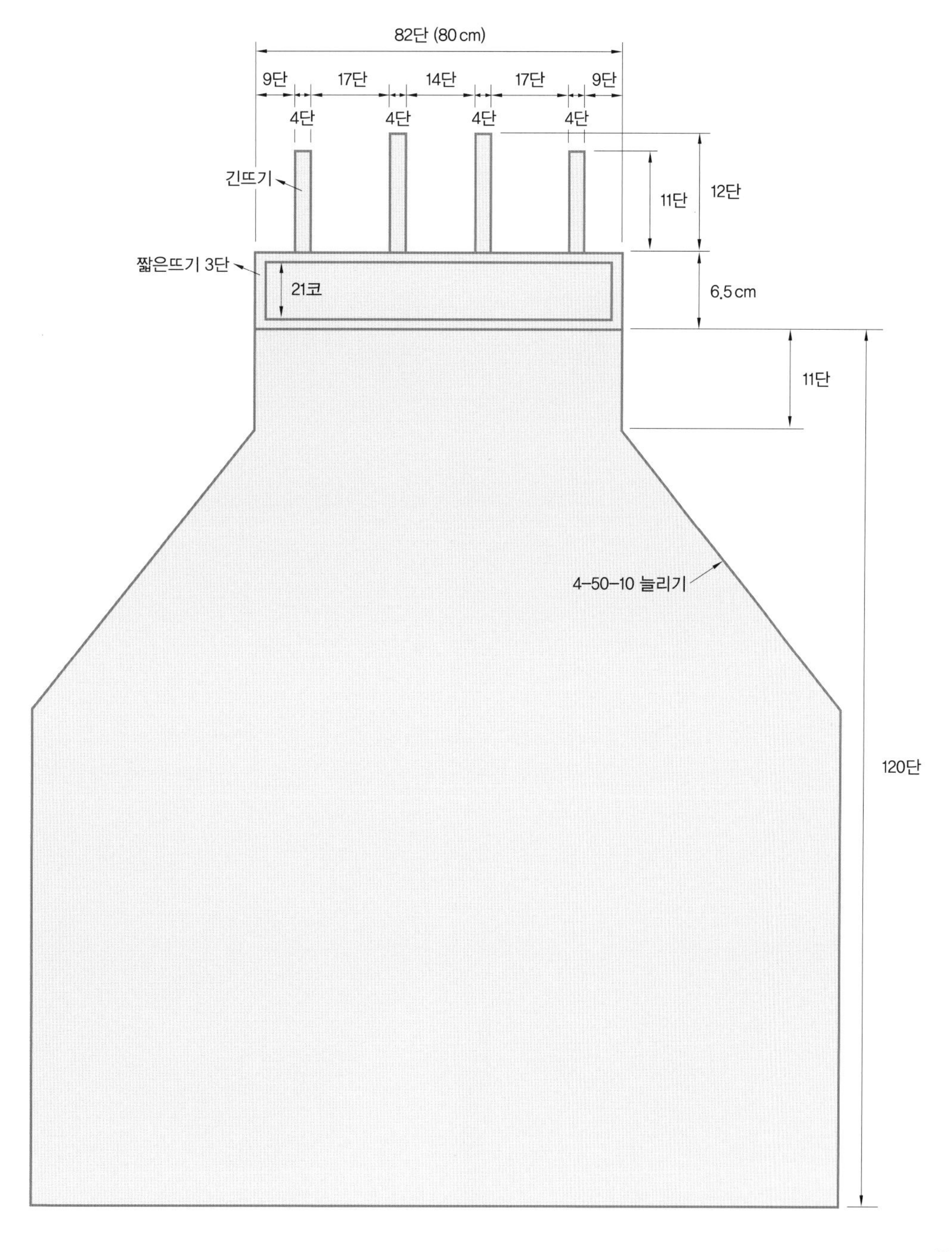

4 Knitting
블루원피스와 머플러

공작 무늬를 멋스럽게 떠올린 푸른빛 원피스이다.
단조로울 수 있는 원피스의 양소매에 옆트임을 주어 세련된 느낌을 주었다.
머플러를 더해 목이 긴 사람이 입으면 더욱 멋스럽다.

1. 목라운드를 시원하게 파서 어깨와 연결해 가아터 뜨기
2. 소매는 가운데에 트임을 주고 중간에 묶기
3. 끝단은 코바늘로 되돌아 짧은뜨기
4. 머플러의 술은 사슬뜨기

블루원피스와 머플러

완성 치수

66 size

재료와 도구

실 ······· 오로라사(하늘색)

바늘 ··· 3.5mm 대바늘 1set, 돗바늘, 코바늘 3호

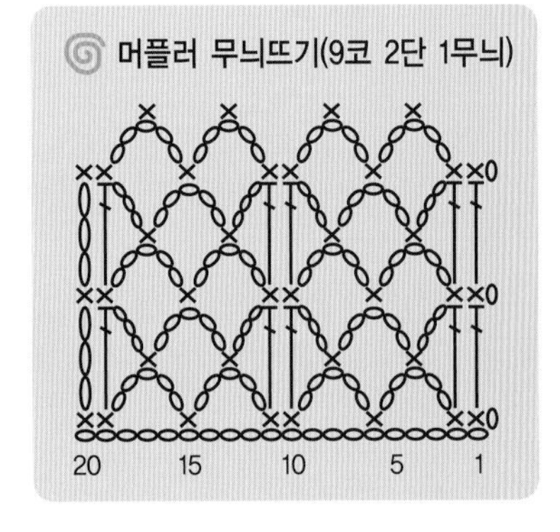

뜨는 방법

❶ 머플러는 사슬 47코로 시작해서 9코 2단 1무늬를 21무늬반(43단) 166cm 뜨고 양옆 술은 사슬 60코를 떠서 반으로 붙인 것 각 20개씩 한다.

❷ 원피스는 일반코로 시작하여 145코 만들어 20단 무늬뜨기를 한 후 21단째부터는 10단 1코씩 15회 줄여 115코 되게 한다.

❸ 원피스는 무늬 시작 전 가아터뜨기 2단 먼저 한다.

❹ 원피스는 겨드랑이 줄이기 전까지 208단(68cm) 뜨고, 10코막음 후 4코, 3코, 2코, 1코를 2단에 1회씩 각각 줄인 후 58단 그대로 떠 올리고 34단 되는 곳에서 앞목을 만든다.

❺ 앞목은 가운데 중심으로 33코를 남기고 양옆으로 4코, 3코, 2코, 1코씩 2단에 1회씩 줄여 어깨 19코가 되게 한다.

❻ 뒷목은 진동부터 58단째 되는 곳에서 양어깨코 각 19코를 6단 따로 떠 올린다.

❼ 앞목은 왼쪽 어깨부터 목둘레, 오른쪽 어깨 끝까지 코를 모두 주어 10단 가아터뜨기한다. 뒷목도 앞과 같이 한다.

❽ 앞과 뒤 가아터뜨기한 것 중 양어깨 각 19코를 앞뒤 붙이고 나머지 목둘레코는 마무리한 후 역짧은뜨기로 마무리한다.

❾ 소매는 100코 9무늬로 시작해 28단(9cm) 뜬 후 이등분 후 가운데를 중심으로 진동둘레가 되게 줄이고 open 양옆을 가운데 오게 몸판에 소매를 붙인다.

❿ 소매 및 밑단 마무리는 역짧은뜨기한다.

머플러

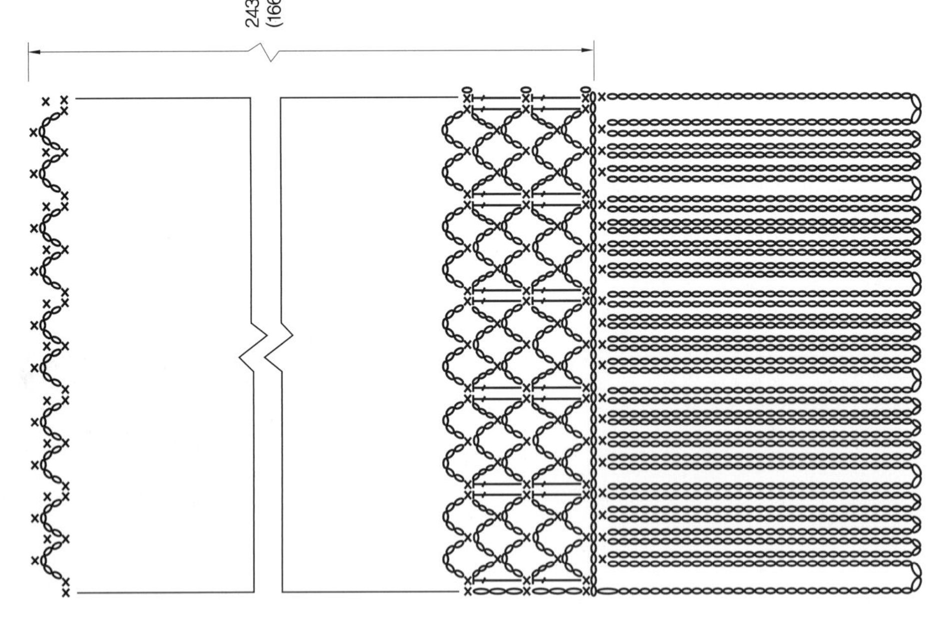

앞판

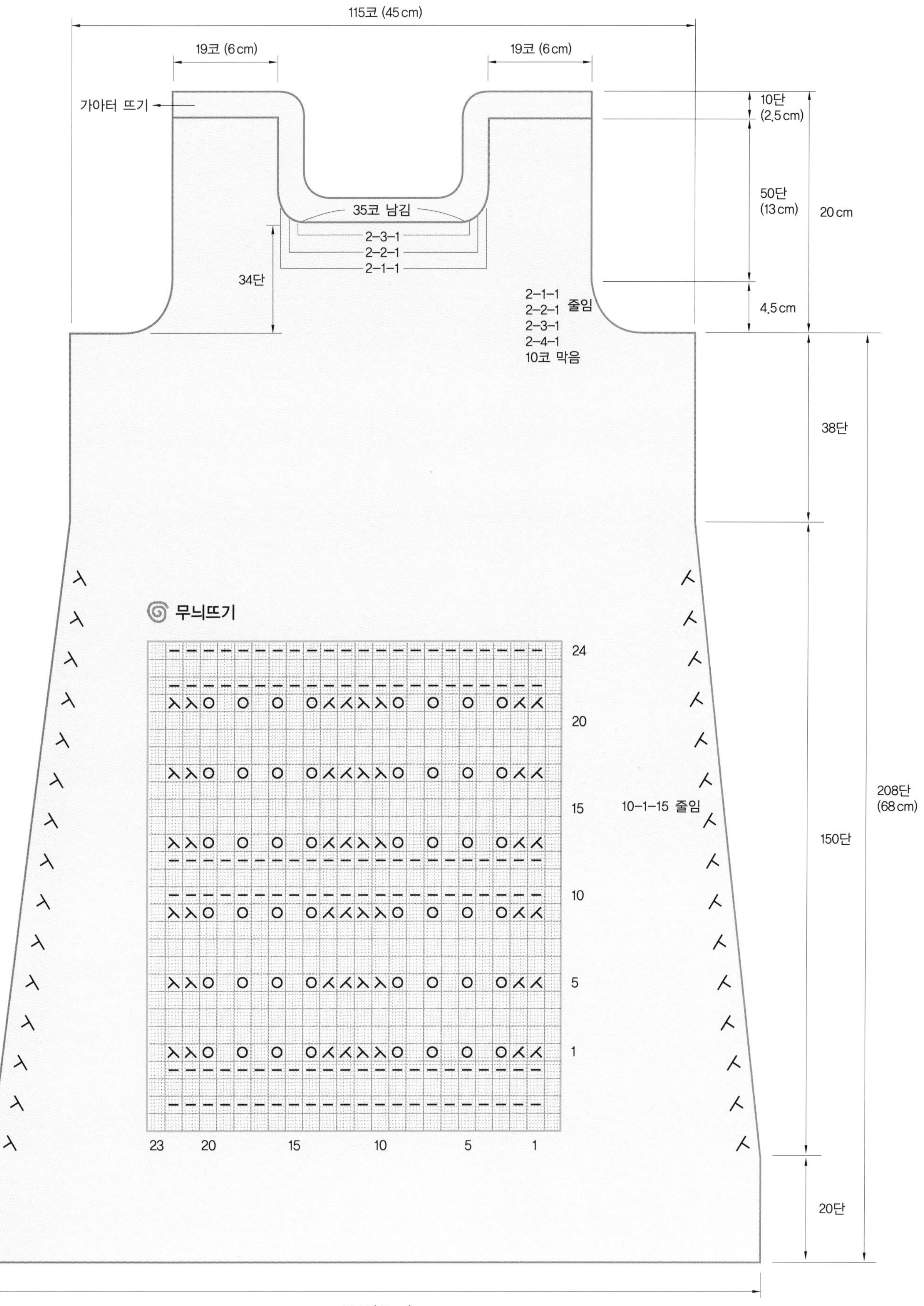

115코 (45cm)
19코 (6cm)
19코 (6cm)
가아터 뜨기
10단 (2.5cm)
50단 (13cm)
20cm
35코 남김
2-3-1
2-2-1
2-1-1
34단
2-1-1
2-2-1 줄임
2-3-1
2-4-1
10코 막음
4.5cm
38단
무늬뜨기
24
20
15
10
5
1
23 20 15 10 5 1
10-1-15 줄임
208단 (68cm)
150단
20단
145코(54cm)

뒤 판

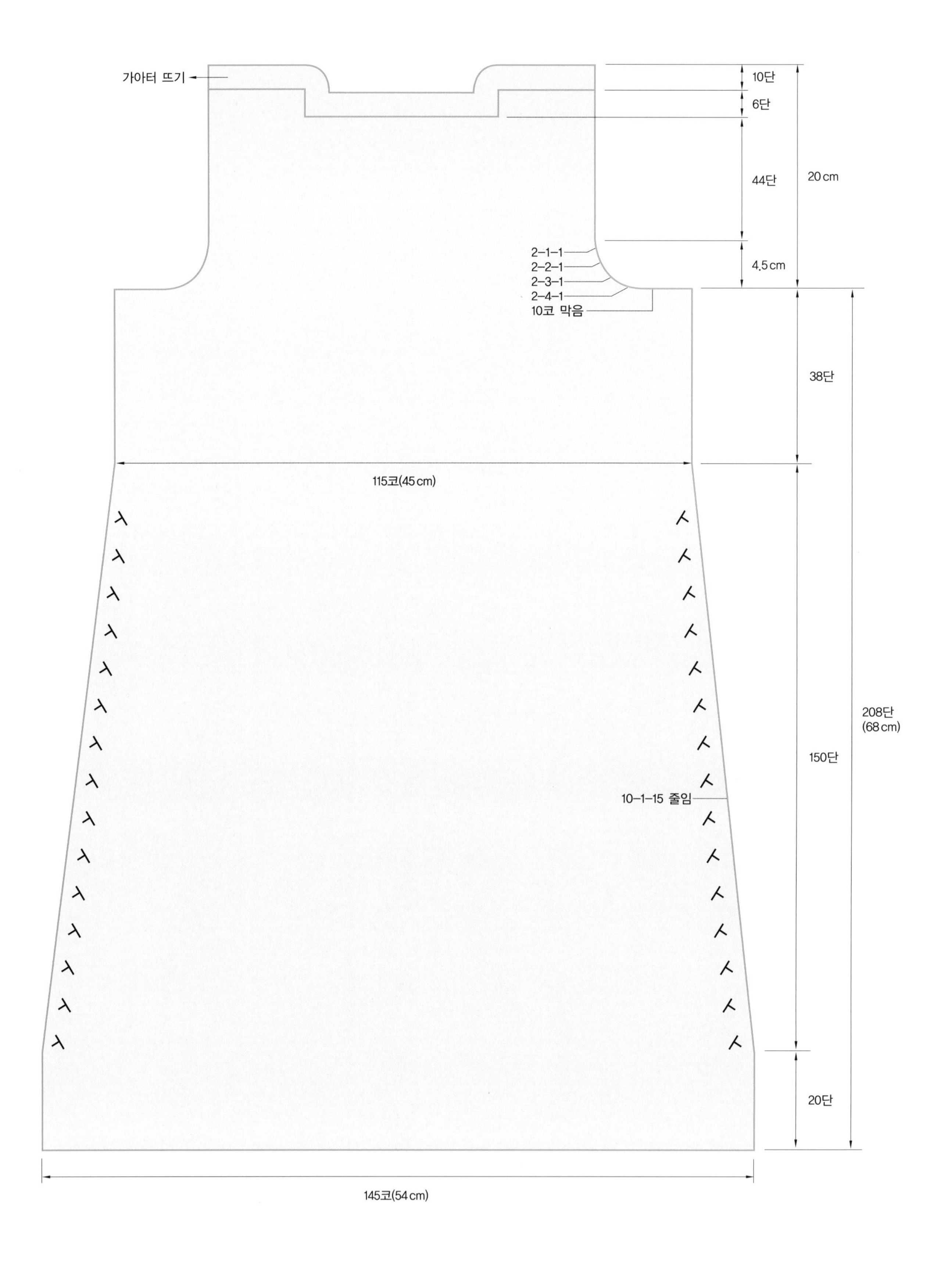

가아터 뜨기
10단
6단
44단
20 cm
2-1-1
2-2-1
2-3-1
2-4-1
10코 막음
4,5 cm
38단
115코(45 cm)
10-1-15 줄임
150단
208단
(68 cm)
20단
145코(54 cm)

소 매

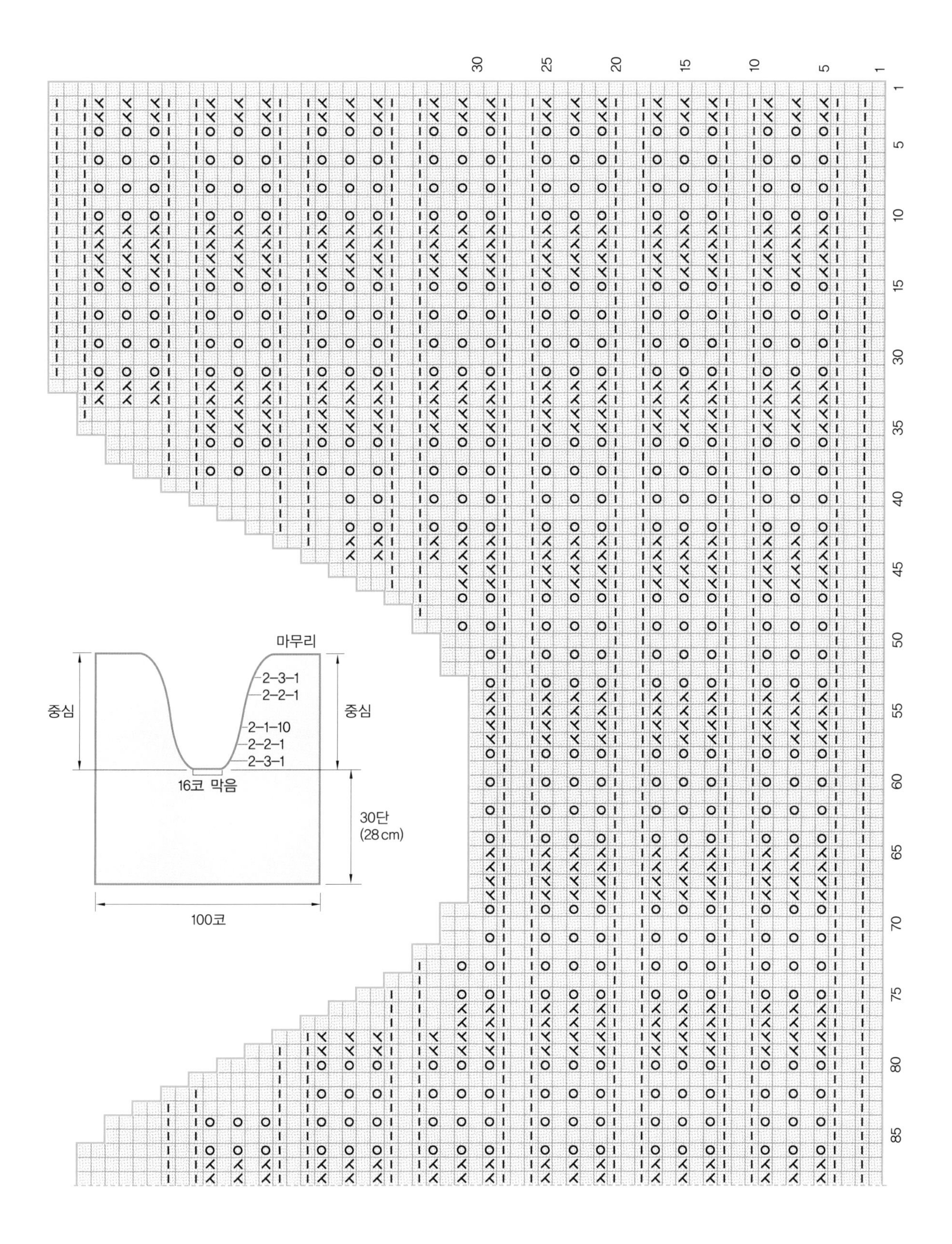

30
25
20
15
10
5
1
1
5
10
15
20
25
30
35
40
45
50
55
60
65
70
75
80
85
마무리
2-3-1
2-2-1
중심
2-1-10
2-2-1
2-3-1
중심
16코 막음
30단
(28cm)
100코

5 Knitting
핑크드레스

소매와 치마 밑단에 파인애플 무늬 레이스를 넣은 핑크드레스이다.
치마가 플레어스커트라 활동이 편하면서도 자연스러운 주름이 아름답다.
몸을 모두 가려주기 때문에 얌전하고 정숙해 보이는 옷이다.

1. 목단은 몸판 무늬 그대로 연결된 듯 뜬다.
2. 뒤 지퍼 달 부분은 짧은뜨기로 뜨고 피코뜨기한다,
3. 소매단은 파인애플뜨기로 프릴 처리
4. 치마단도 파인애플뜨기로 프릴 처리

핑크드레스

완성 치수

66 size

재료와 도구

실 .... 분홍 썸머울
바늘 ... 코바늘 2호

뜨는 방법

❶ 원피스 상 · 하는 무늬뜨기 A로 뜬다.

❷ 소매는 무늬뜨기 B로 뜬다.

❸ 앞 · 뒤판을 뜨고 옆솔기를 붙인 후 아래 사슬부분에 무늬 23개로 시작해서 옆솔 부분 두 곳에서 코를 늘리며 뜬다.

❹ 치마는 4단부터 옆솔기 부분 2방향으로만 늘리다가 52단부터는 사방으로 늘린다.

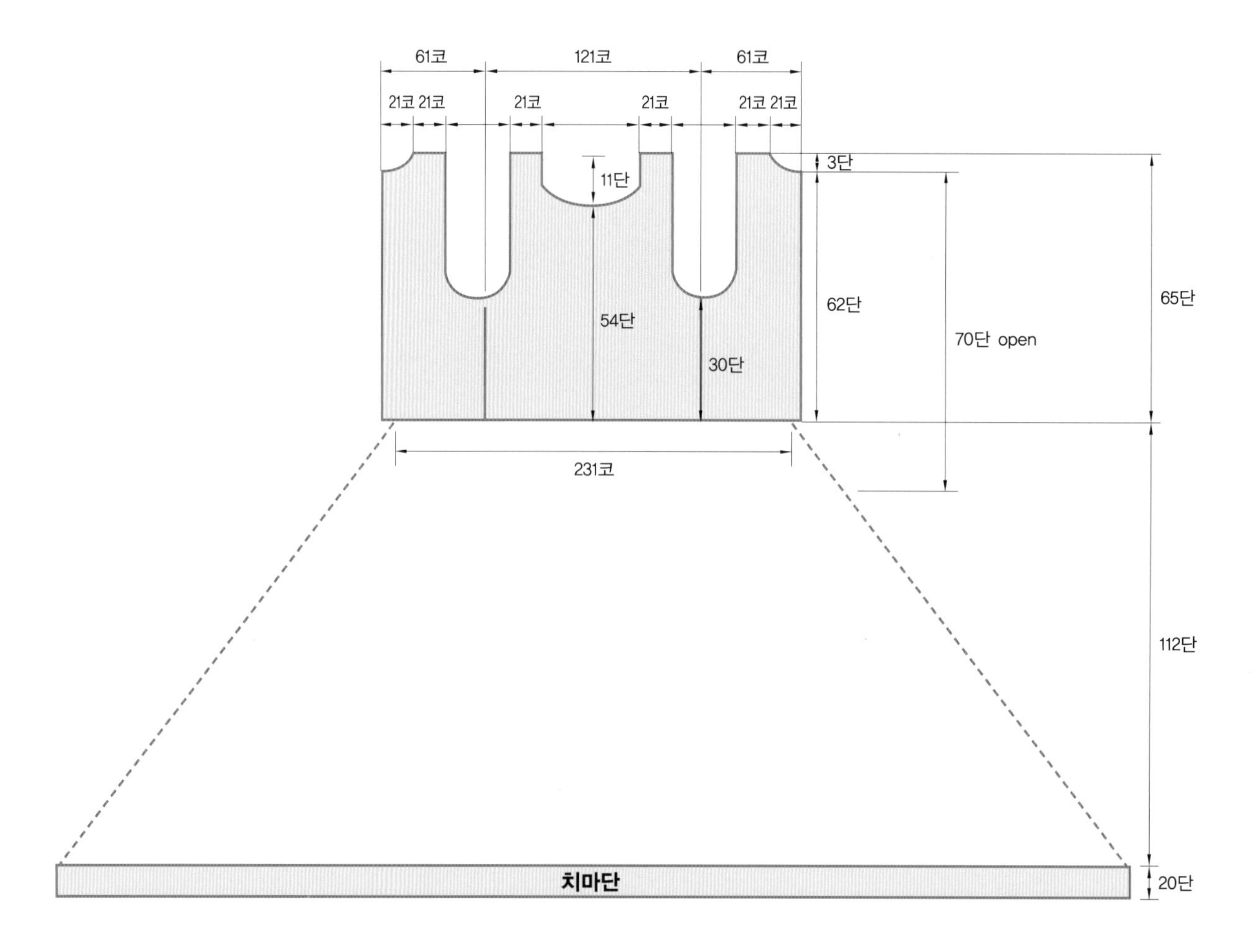

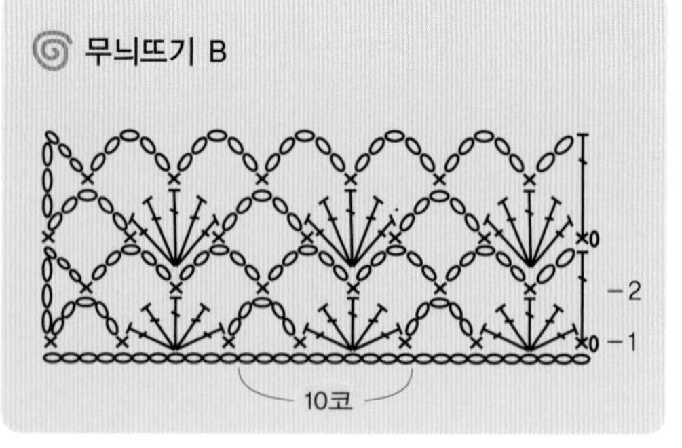

앞 판

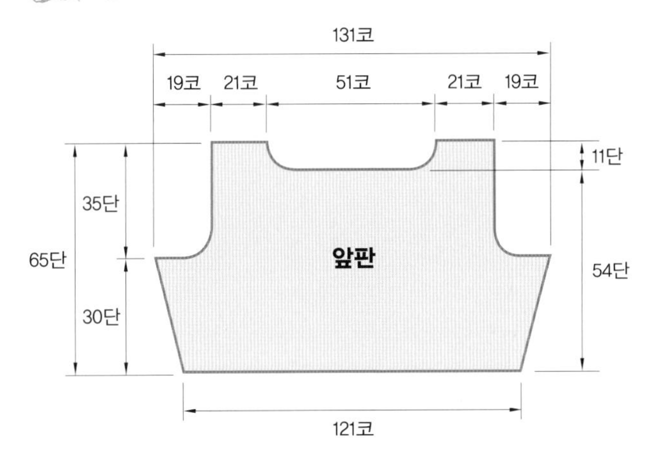

뒤 판

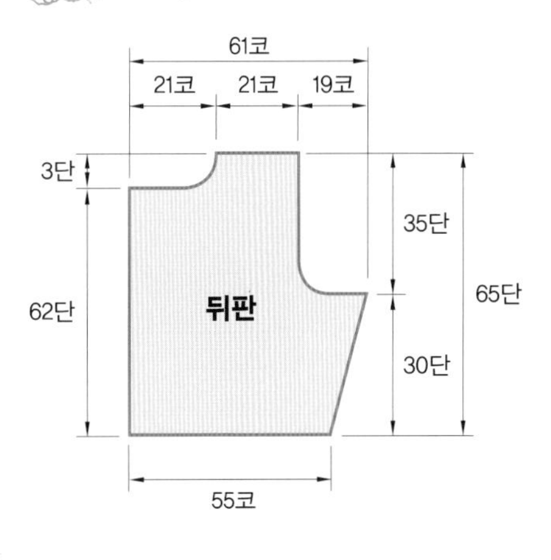

❺ 목둘레는 무늬 14개로 시작해서 무늬 11개가 되도록 줄이면서 뜬다.

❻ 뒤 지퍼 달 곳은 짧은뜨기 3단으로 뜨고 목둘레 10단째와 연결해서 피코뜨기로 마무리한다.

❼ 소매는 무늬뜨기 B를 8개 반(86코)으로 시작해서 76단 뜨면서 무늬 14개가 되도록 늘리면서 뜬다.

❽ 소매진동은 무늬 14.5개를 16단 떠 올라가며 무늬 6.5개 되도록 줄이면서 뜬다.

❾ 소매단은 시작 사슬코에서 무늬뜨기 C를 5개 시작해서 뜬다.

목둘레

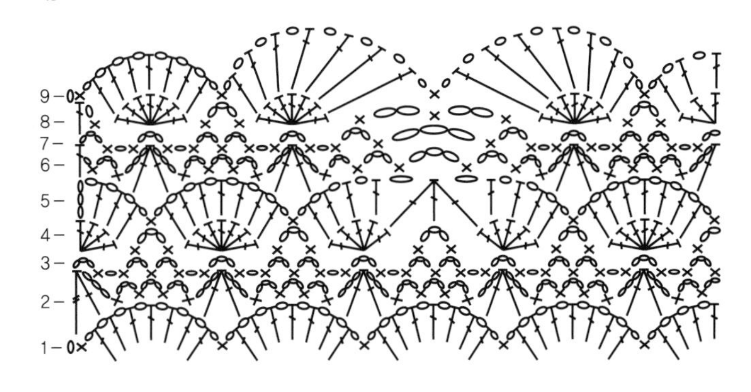

앞목둘레

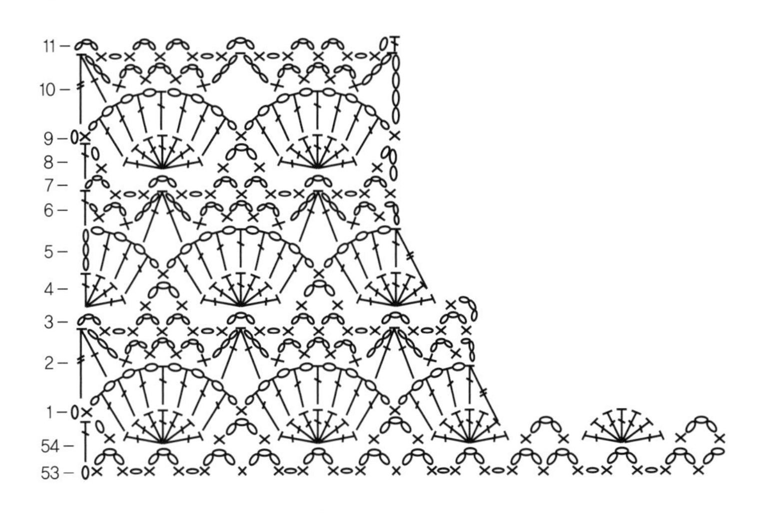

뒷목둘레

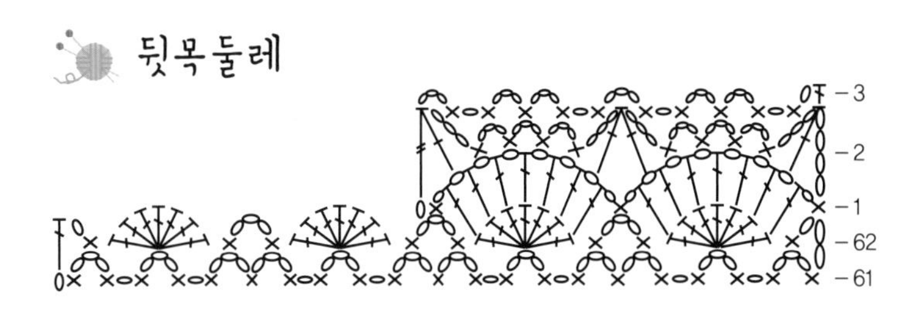

소매둘레

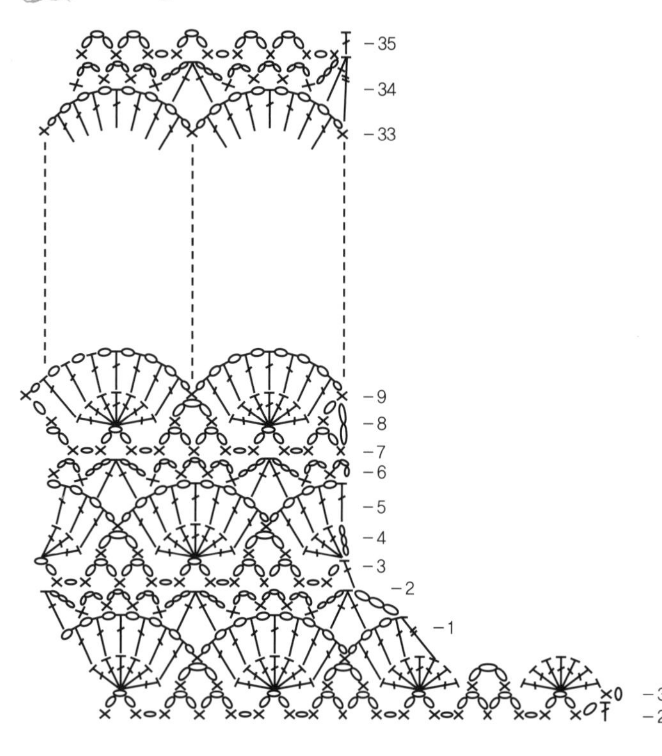

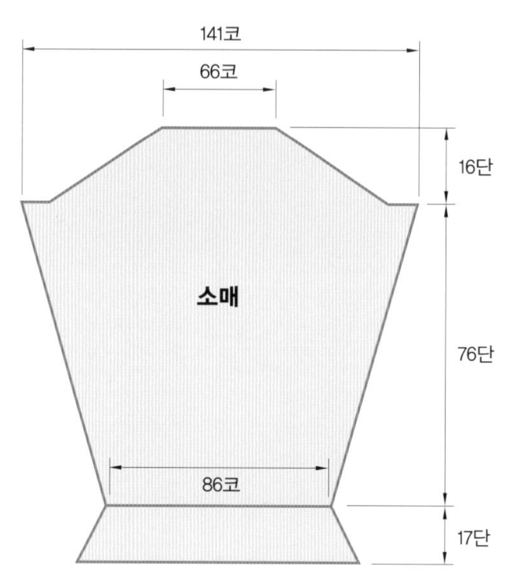

소 매

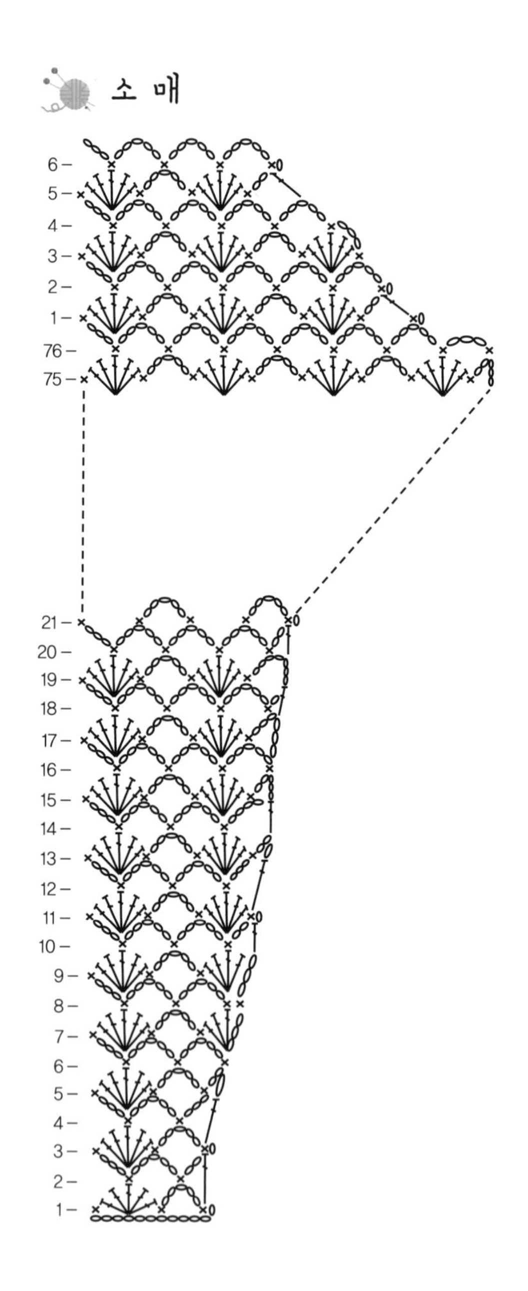

무늬뜨기 C

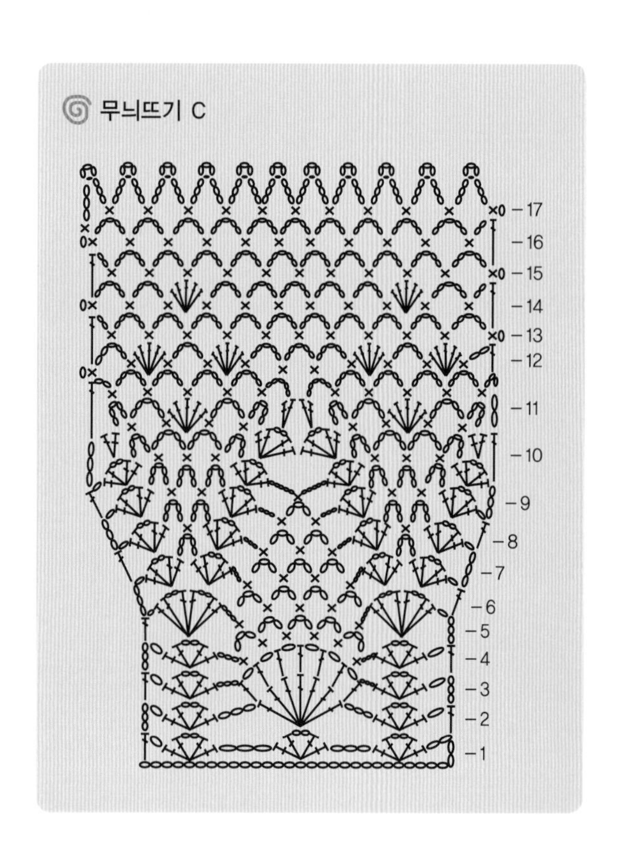

뜨는 방법

⑩ 치마단은 무늬뜨기 C로 뜨는데 사슬뜨기 3단을 더 뜬다.

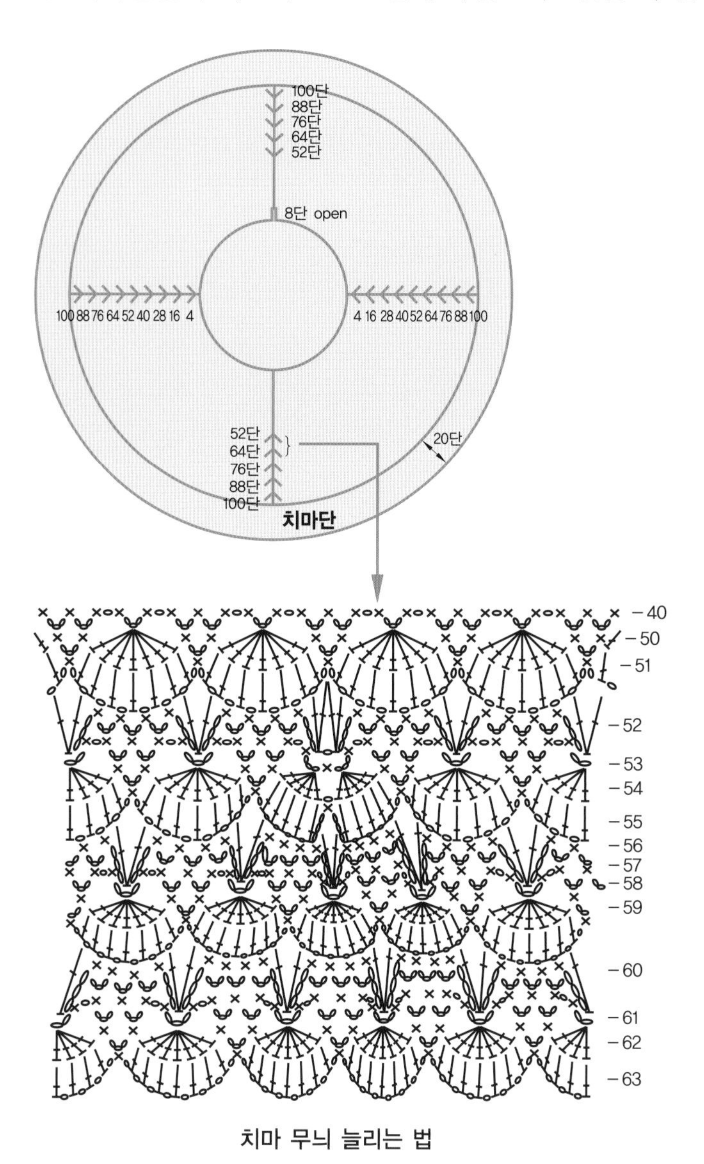

치마 무늬 늘리는 법

옆솔기

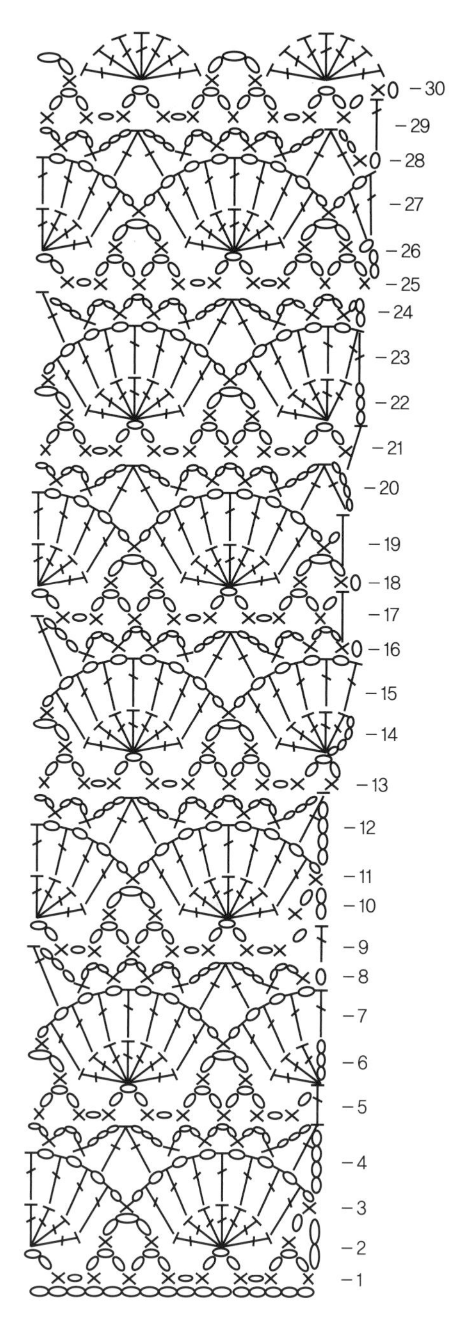

5 Knitting

회색 투피스와 회색 볼레로

화려하지 않고 은은한 아름다움을 강조한 투피스이다.
통이 넓은 소매는 숄을 걸친 듯한 느낌이다.
무늬뜨기할 때 매 코마다 끼워 떠야 무늬가 뚜렷하게 나타난다.

1. 볼레로 단은 전체 돌아가며 뜨기
2. 라운드는 시원이 파준다.
3. 소매통은 넓게 한다.
4. 치마단 프릴 뜨기

회색 투피스와 회색 볼레로

완성 치수
66 size

재료와 도구
실 ······· 레이온(회색)
바늘 ··· 코바늘 2호

회색 투피스 뜨는 방법

❶ 몸판을 도안대로 뜬다.
❷ 치마는 허리로 시작해 매 단 무늬를 늘리며 떠 내려간다.
❸ 치마 허리단은 치마 옆솔기를 붙인 후 288코를 긴뜨기로 8단을 원통뜨기로 떠 올리고 반으로 접어 고무줄을 속에 넣고 감침질을 한다.
❹ 치마는 같은 치수 2장을 떠서 옆솔기를 붙인다.

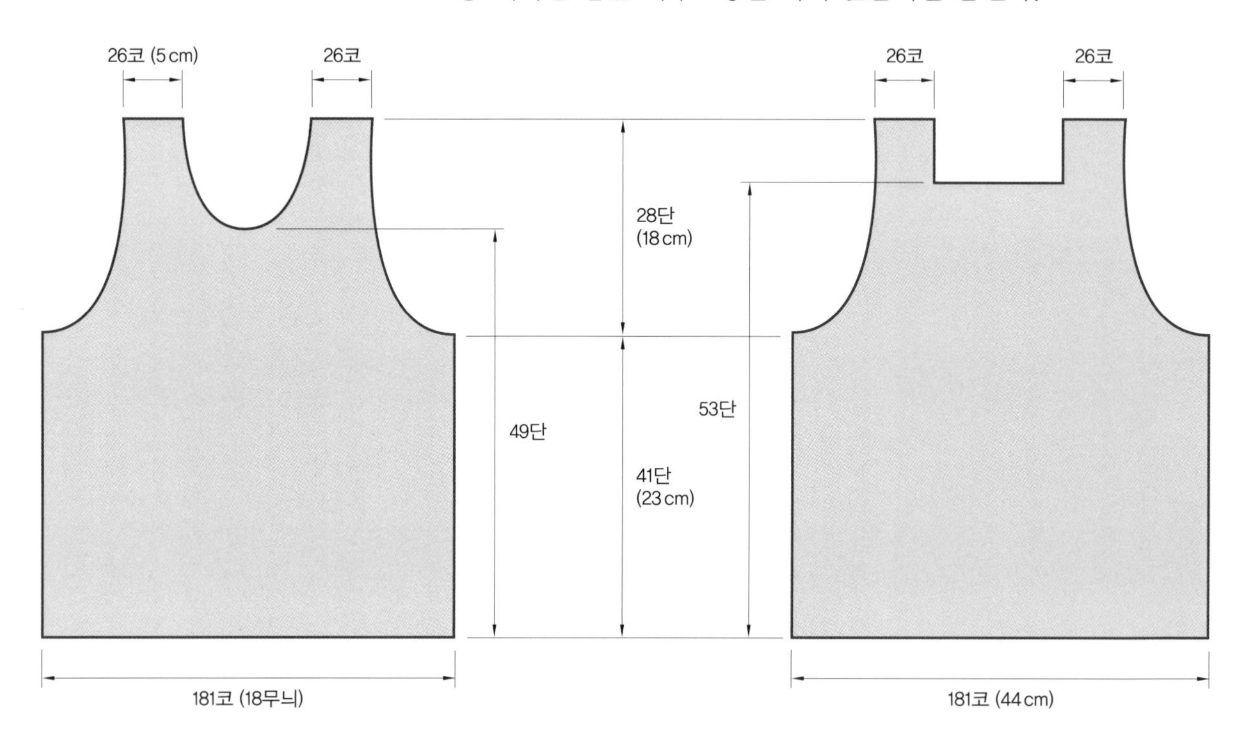

몸판 밑판

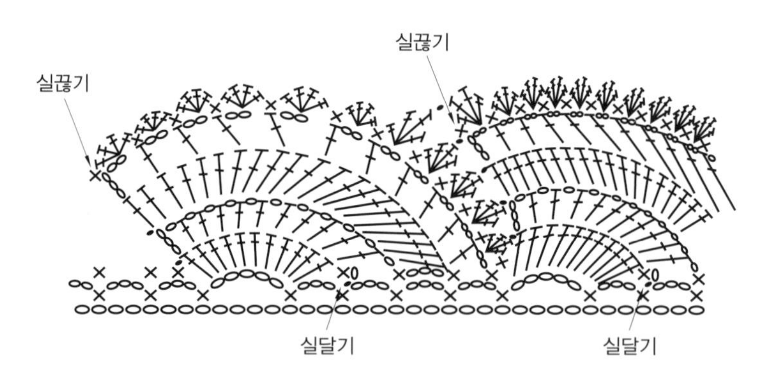

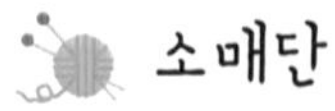

소매단

앞목둘레, 소매둘레

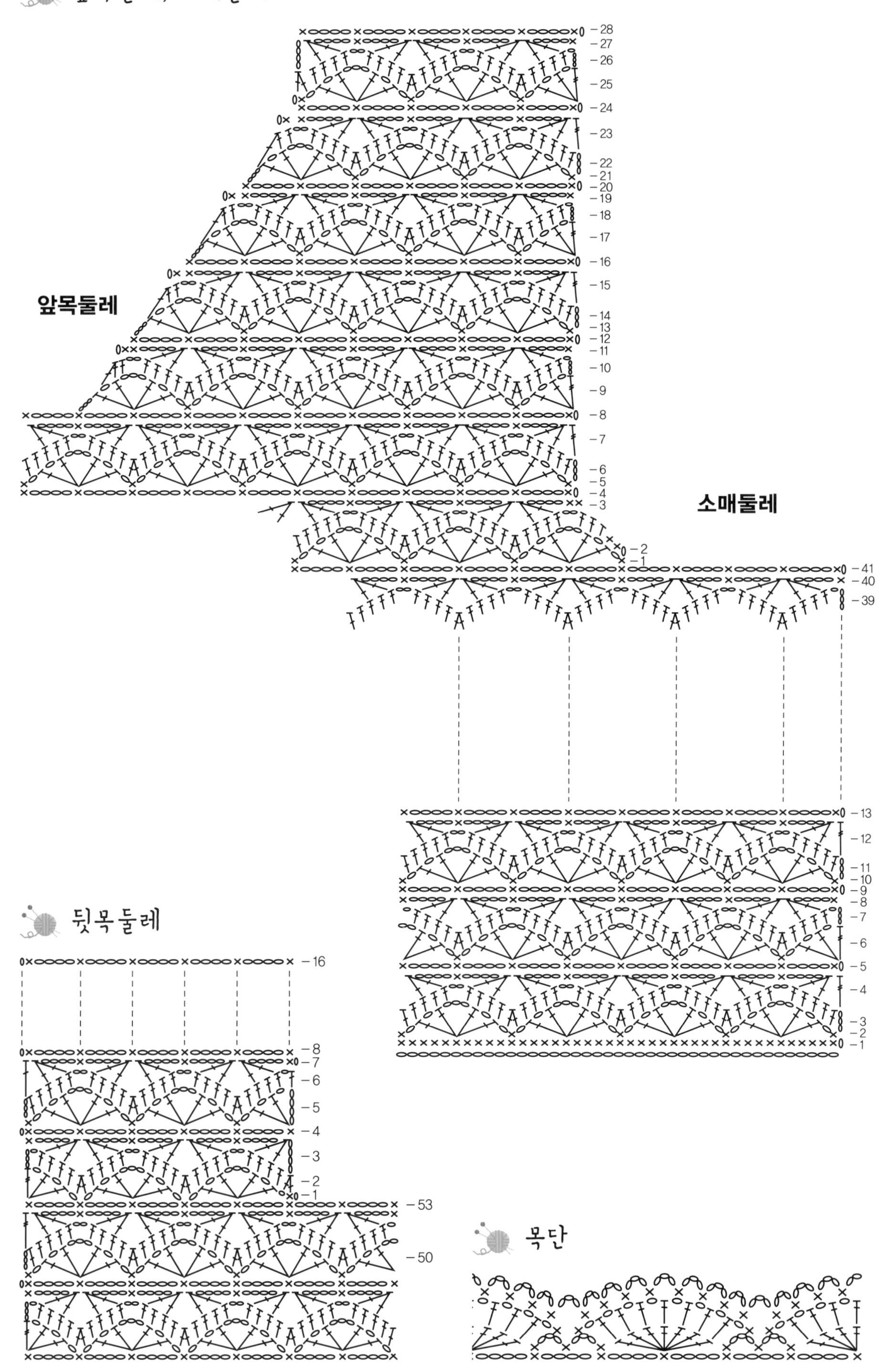

회색 투피스 뜨는 방법

❺ 치마 무늬 16개로 시작해 무늬 24개까지 늘린다.

❻ 치마 무늬 늘리기는 5단부터 20단까지 계속 반복하며 62단까지 뜬다.

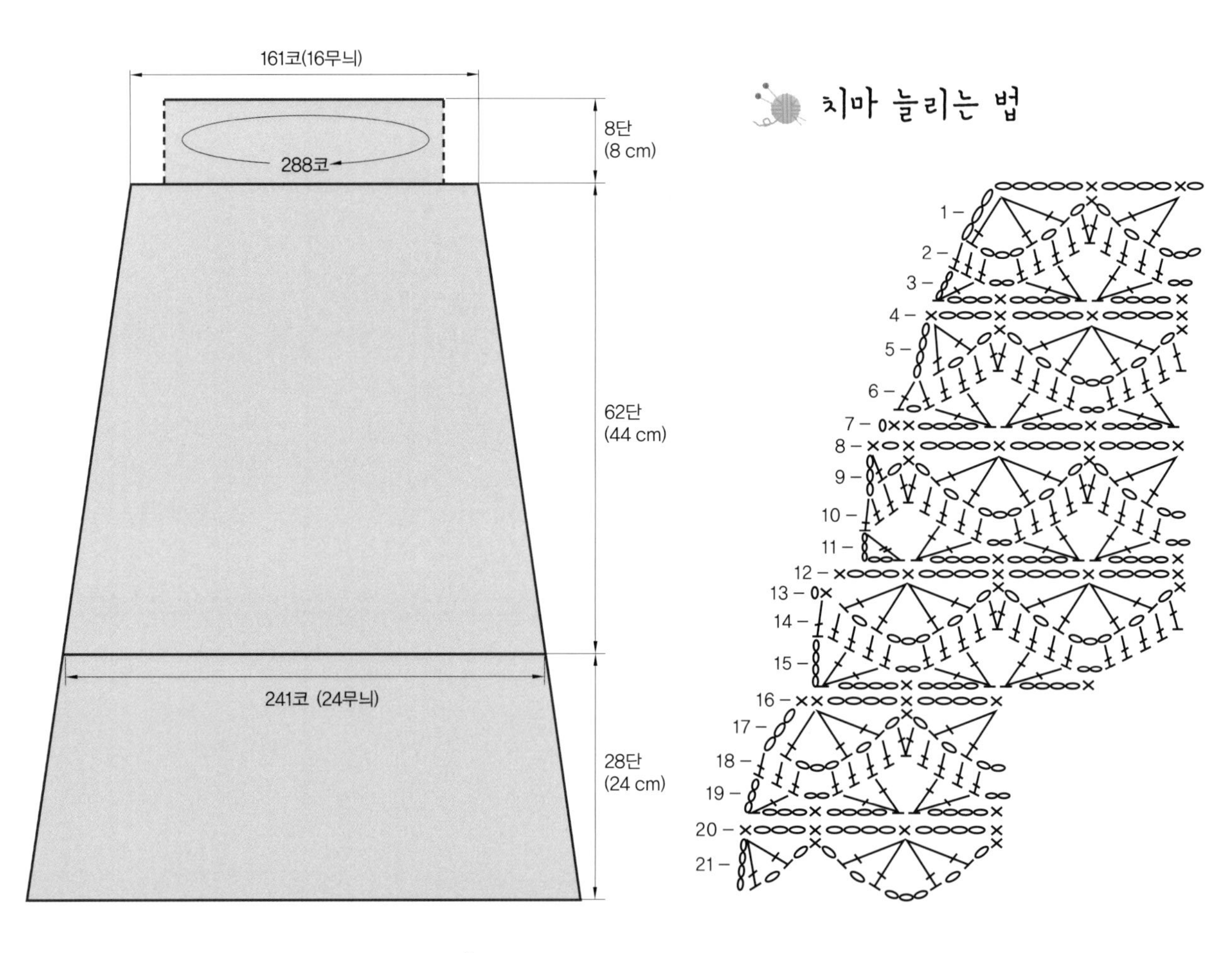

치마 단뜨기

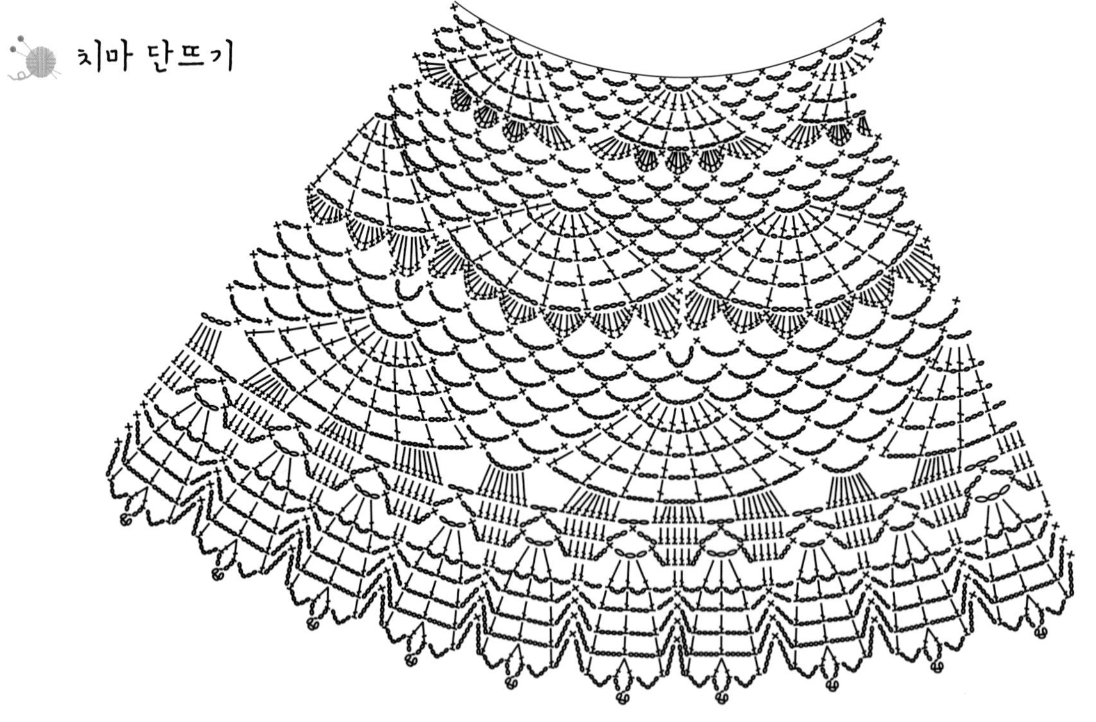

완성 치수
66 size

재료와 도구
실 ······· 레이온(회색)
바늘 ··· 코바늘 2호

회색 볼레로 뜨는 방법

❶ 253코를 시작코로 앞 · 뒤판을 하나로 21단 뜬다.

❷ 앞판 부분이 되는 양옆은 매 단마다 무늬를 늘려 전체 무늬가 25개가 되게 한다.

❸ 앞판은 무늬 6개, 뒤판은 무늬 13개가 되게 나누어 22단째부터 소매둘레를 만들고 앞목도 줄여간다.

❹ 뒷목은 46단(소매둘레뜨기 끝단)에서 29코(무늬 2개+1코)를 경사뜨기 4단으로 한다.

❺ 소매는 어깨쪽으로 시작해서 밑으로 떠 내려온다.

❻ 소매시작코는 54코로 하고 28단을 매 단마다 무늬를 늘려 진동 끝 부분은 무늬가 54개가 되면 19단 원통뜨기하며 6단은 장식무늬를 떠서 마무리한다.

❼ 몸판 단은 전체적으로 짧은뜨기로 615코를 뜬 후 장식단을 뜬다.

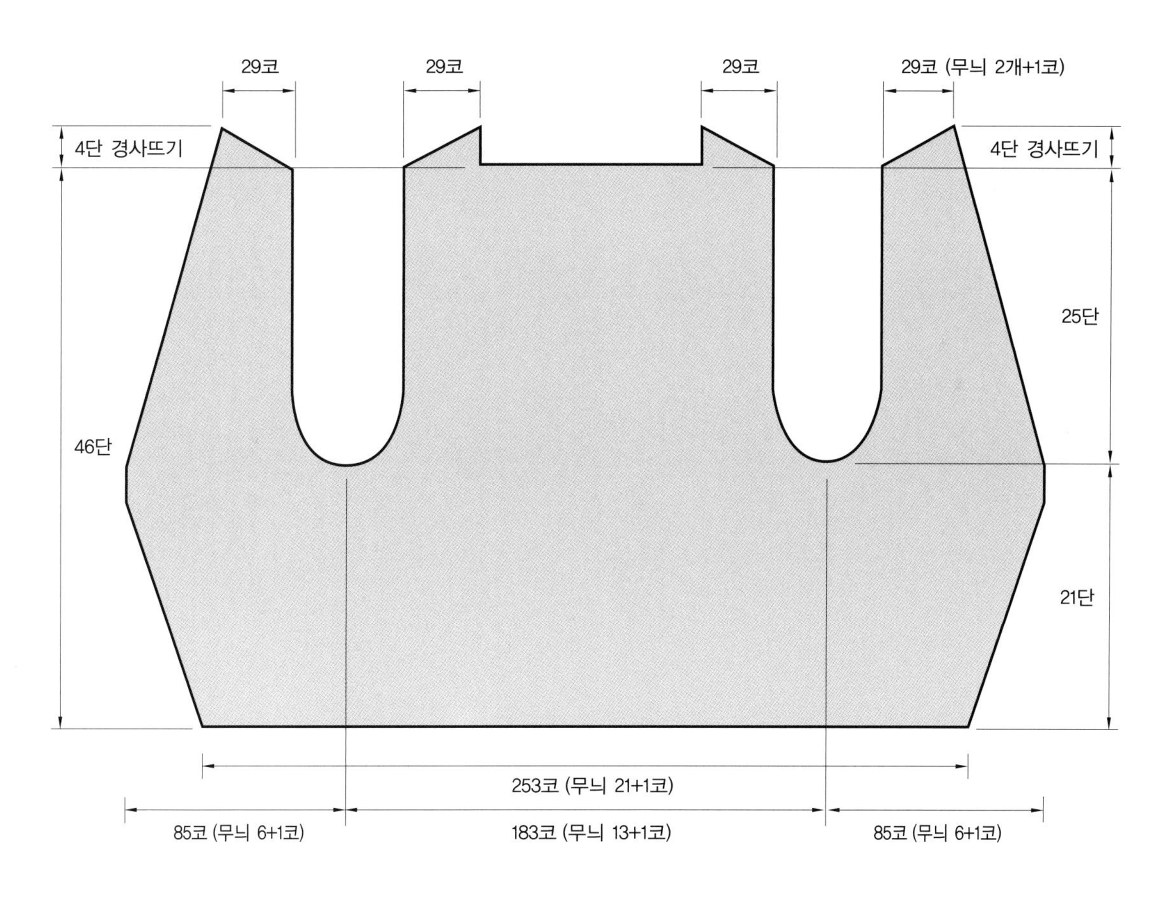

앞판, 소매둘레

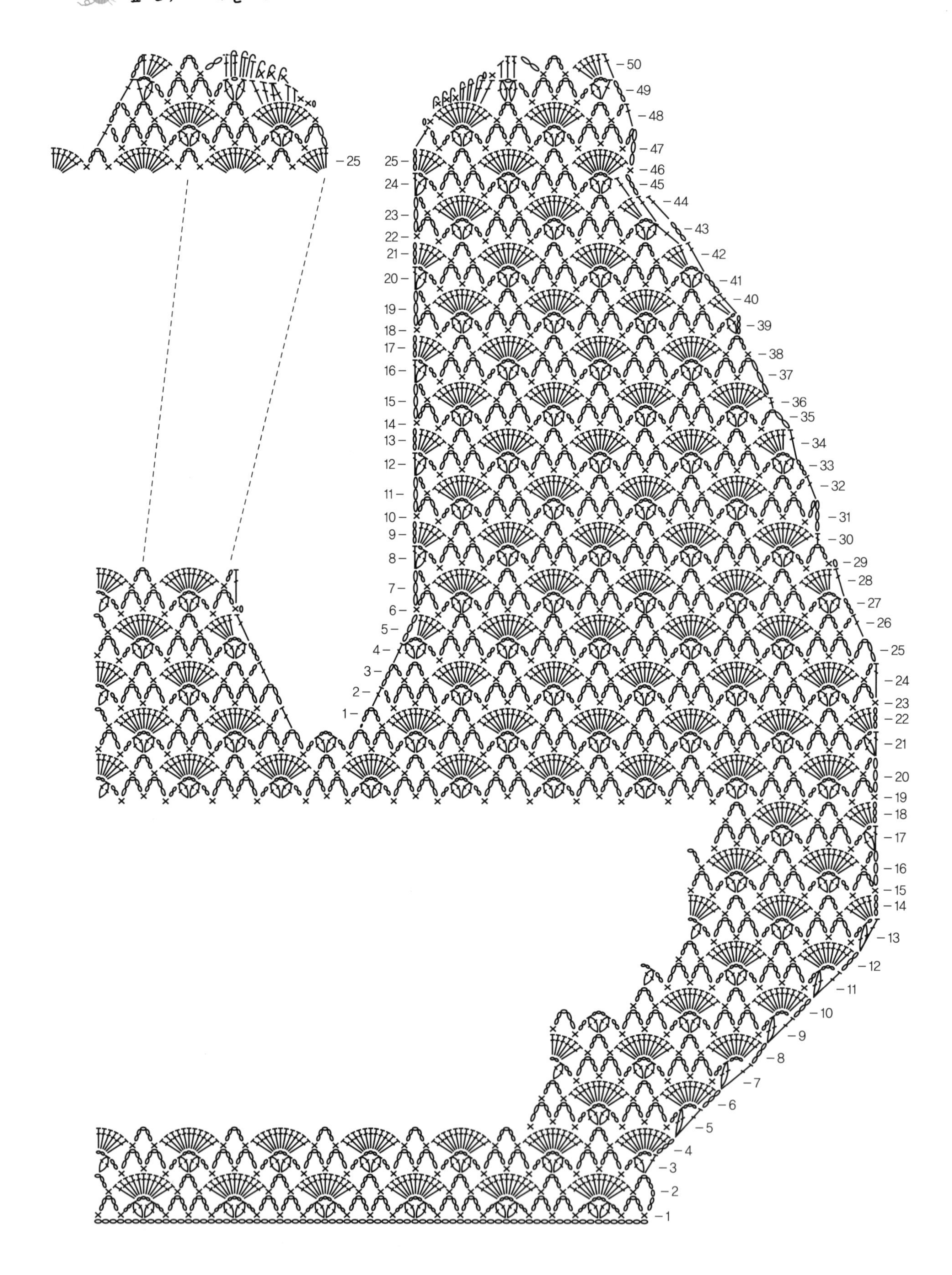

25
1 2 3 4 5 6 7 8 9 10 11 12 13 14 15 16 17 18 19 20 21 22 23 24 25
25 26 27 28 29 30 31 32 33 34 35 36 37 38 39 40 41 42 43 44 45 46 47 48 49 50
1 2 3 4 5 6 7 8 9 10 11 12 13 14 15 16 17 18 19 20 21 22 23 24

소매

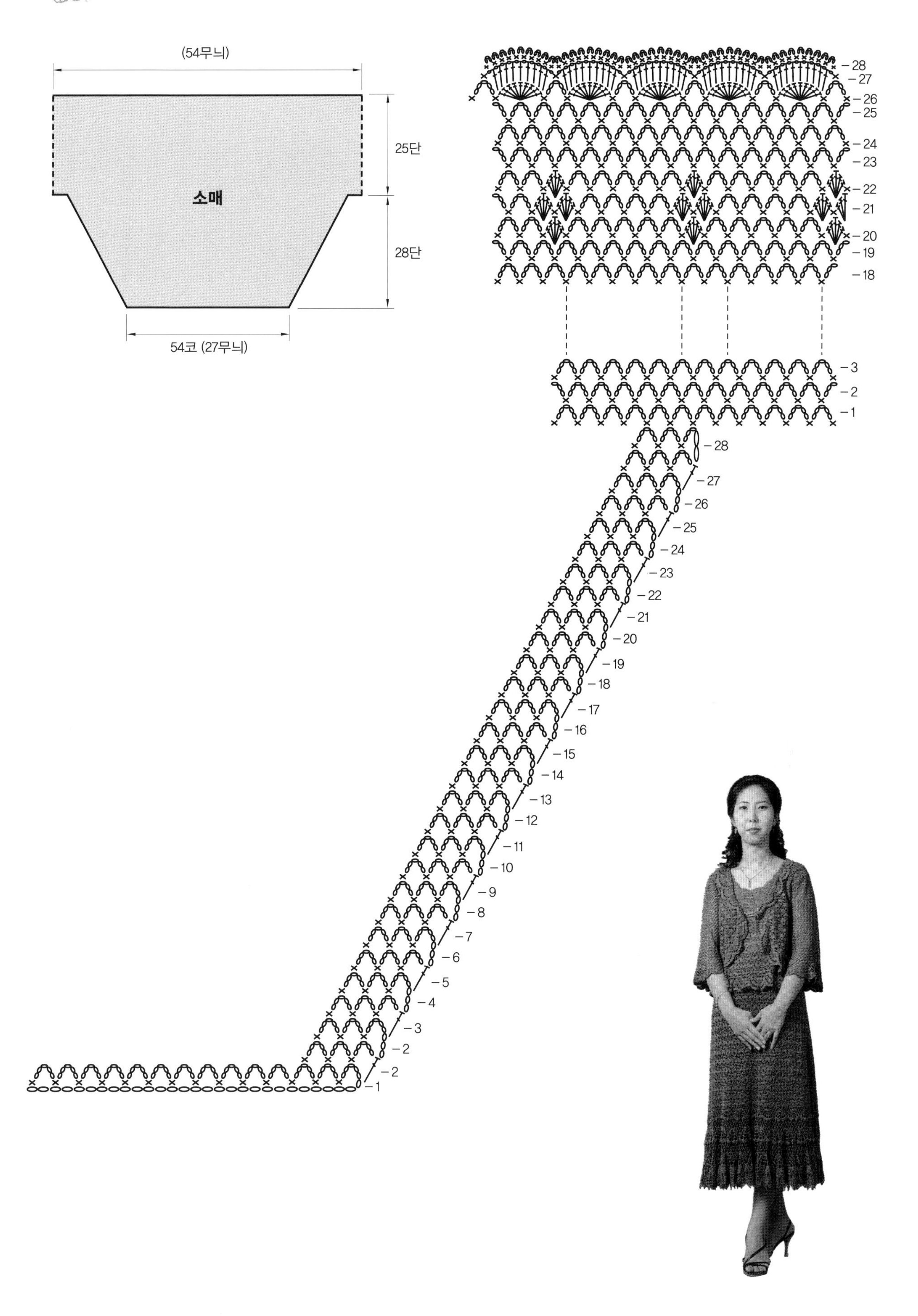

7 Knitting

연보라 투피스

딱딱한 느낌이 들 수 있는 투피스에 칼라를 달아 발랄한 느낌을 주었다. 부드럽게 허리라인을 주어 몸매가 더 돋보인다. 엉덩이가 튀어나온 사람이 허리라인 넣은 옷을 입으면 엉덩이가 더 튀어나와 보인다.

1. 칼라를 따로 떠서 몸판에 붙이고 리본 띠 두르기
2. 소매는 짧은뜨기 5단 뜬 후 소매 장식단뜨기
3. 앞단 뜨며 단추구멍 만들기
4. 치마 밑단 레이스뜨기

연보라 투피스

완성 치수

66 size

재료와 도구

실 ······· 피카소(연보라)
바늘 ··· 코바늘 2호
리본 ··· 연보라

뜨는 방법

❶ 뒤판은 201코(무늬 20개+1코)를 뜨기 시작해서 9단까지 계속 뜨다 10단째부터는 2단에 1코씩 10번 줄이고 27단째부터는 2단 2코씩 5번 늘려 허리라인을 만든다.

❷ 앞판 111코(무늬 11개+1코)를 뜨기 시작해서 뒤판처럼 허리라인을 만든다.

❸ 소매둘레는 앞 · 뒤판 모두 57단째부터 만든다.

❹ 뒷목은 양어깨 각 41코만 경사뜨기로 떠 올려 뒷목라인을 만든다.

❺ 앞목은 74단째부터 84단까지 떠 올라가면서 앞목라인을 만들고 85단째는 경사뜨기한다.

❻ 칼라는 도안대로 뜬 후 목단을 뜨면서 붙이고 칼라라인은 리본으로 장식한다.

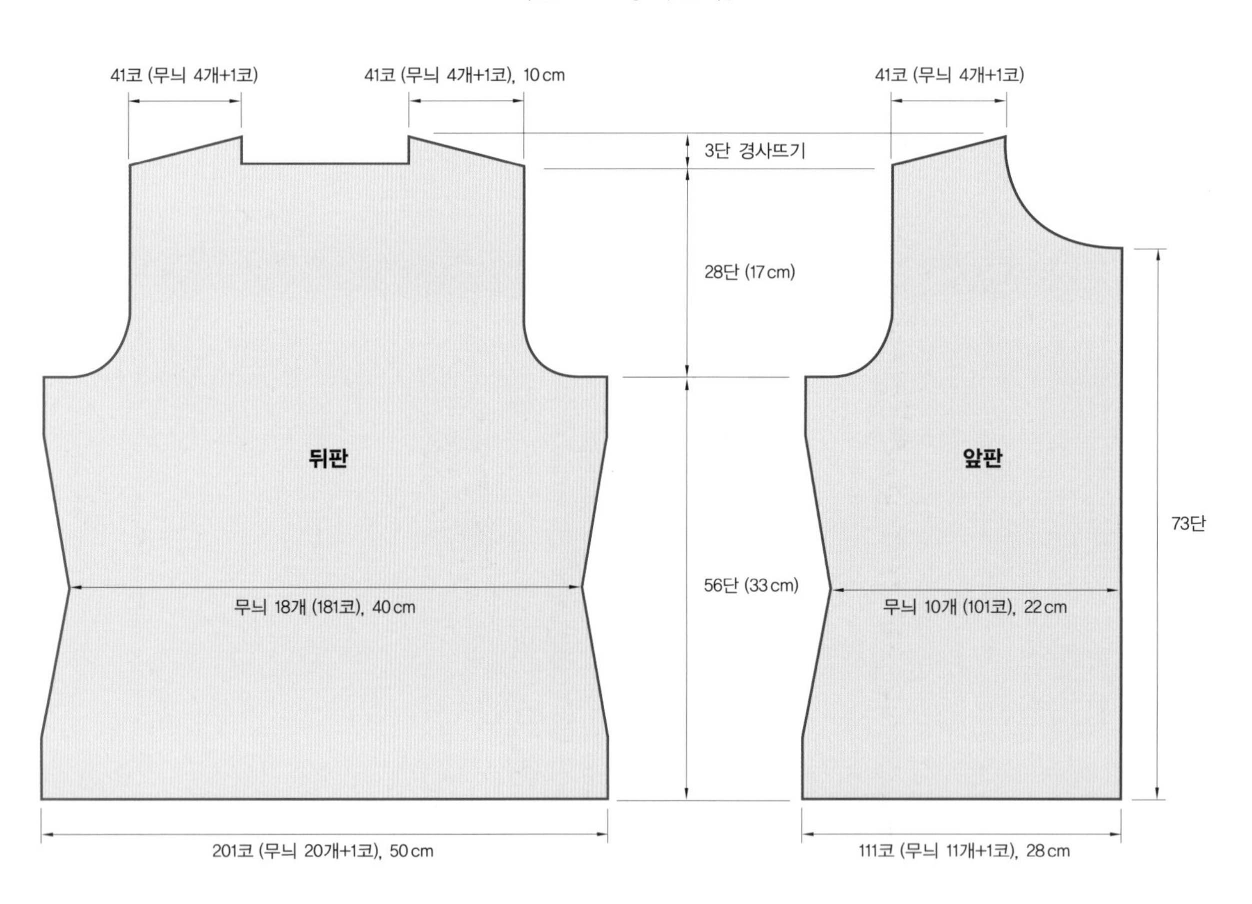

칼 라

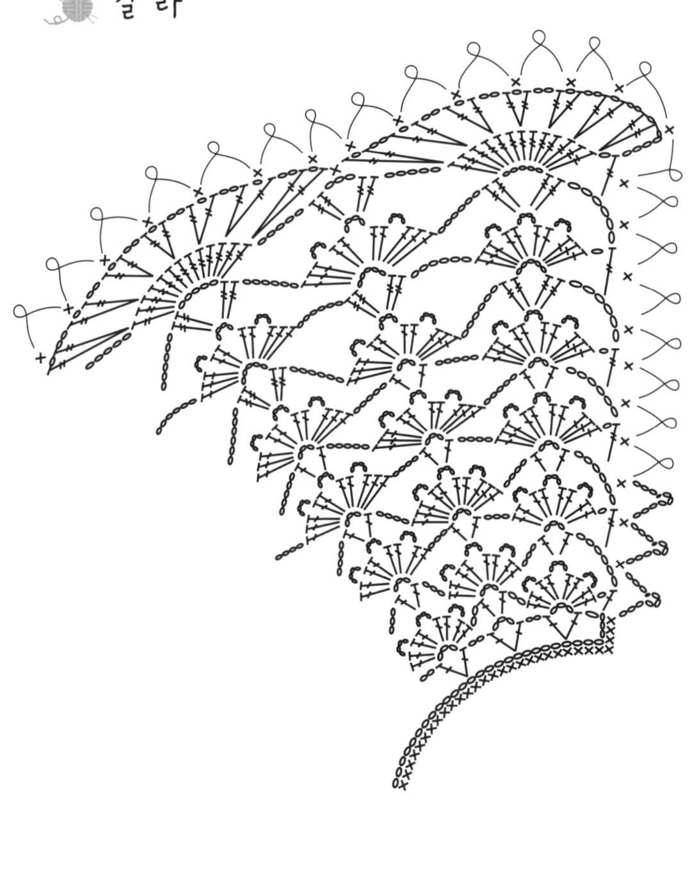

❼ 목단 짧은뜨기 3단째 칼라를 붙이고 4단 긴뜨기무늬에 리본을 끼운다,

❽ 소매단 뜨기 전 짧은뜨기를 5단을 떠 준다.

❾ 치마는 560코(무늬 56개)를 시작코로 원통뜨기한다.

❿ 치마무늬 12단까지는 시작코 그대로 뜨고 13단째부터는 무늬 14개×4로 나누어 사방으로 무늬를 그림(52쪽)처럼 줄인다.

⓫ 허리단은 400코(무늬 40개)를 9단 긴뜨기 1단으로 떠서 접어 고무벨트를 넣어 감침질한다.

⓬ 치마단은 도안대로 뜨고 치마단과 치마무늬 연결부분에 조개무늬뜨기를 덧 뜬다.

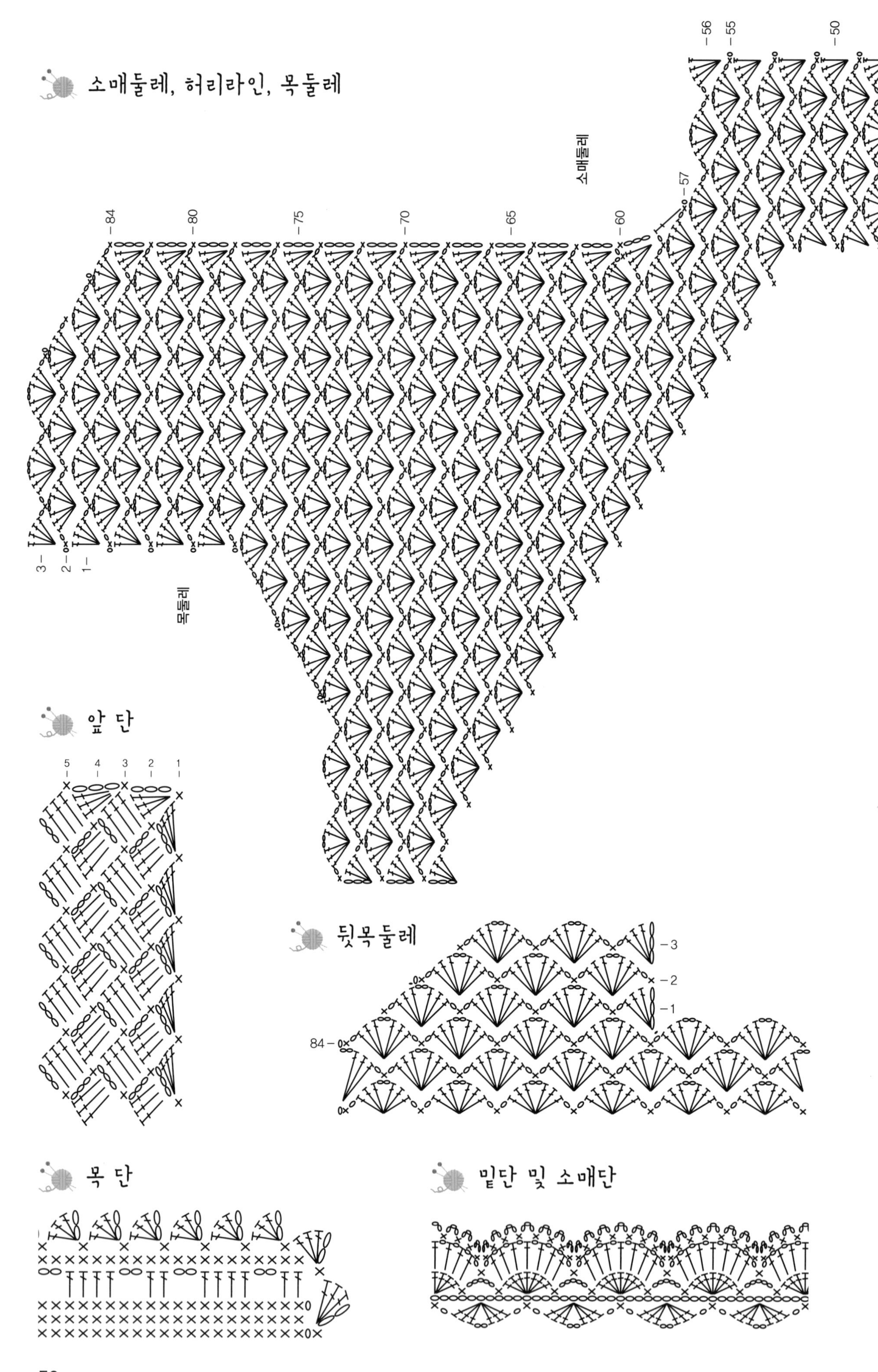

소매둘레, 허리라인, 목둘레
소매둘레
목둘레
앞 단
뒷목둘레
목 단
밑단 및 소매단

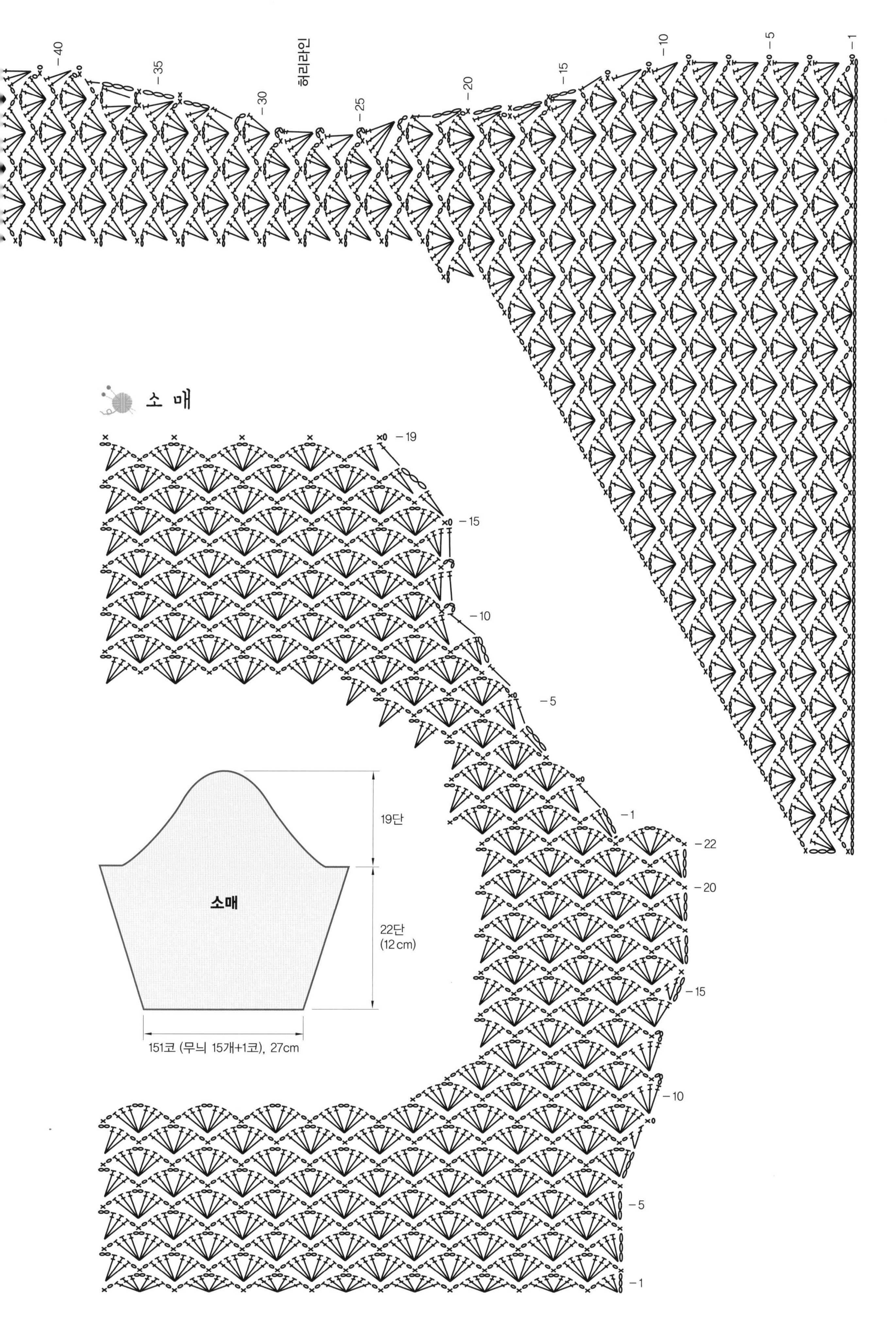

허리라인
-40
-35
-30
-25
-20
-15
-10
-5
-1
소 매
-19
-15
-10
-5
-1
-22
-20
-15
-10
-5
-1
19단
소매
22단
(12cm)
151코 (무늬 15개+1코), 27cm

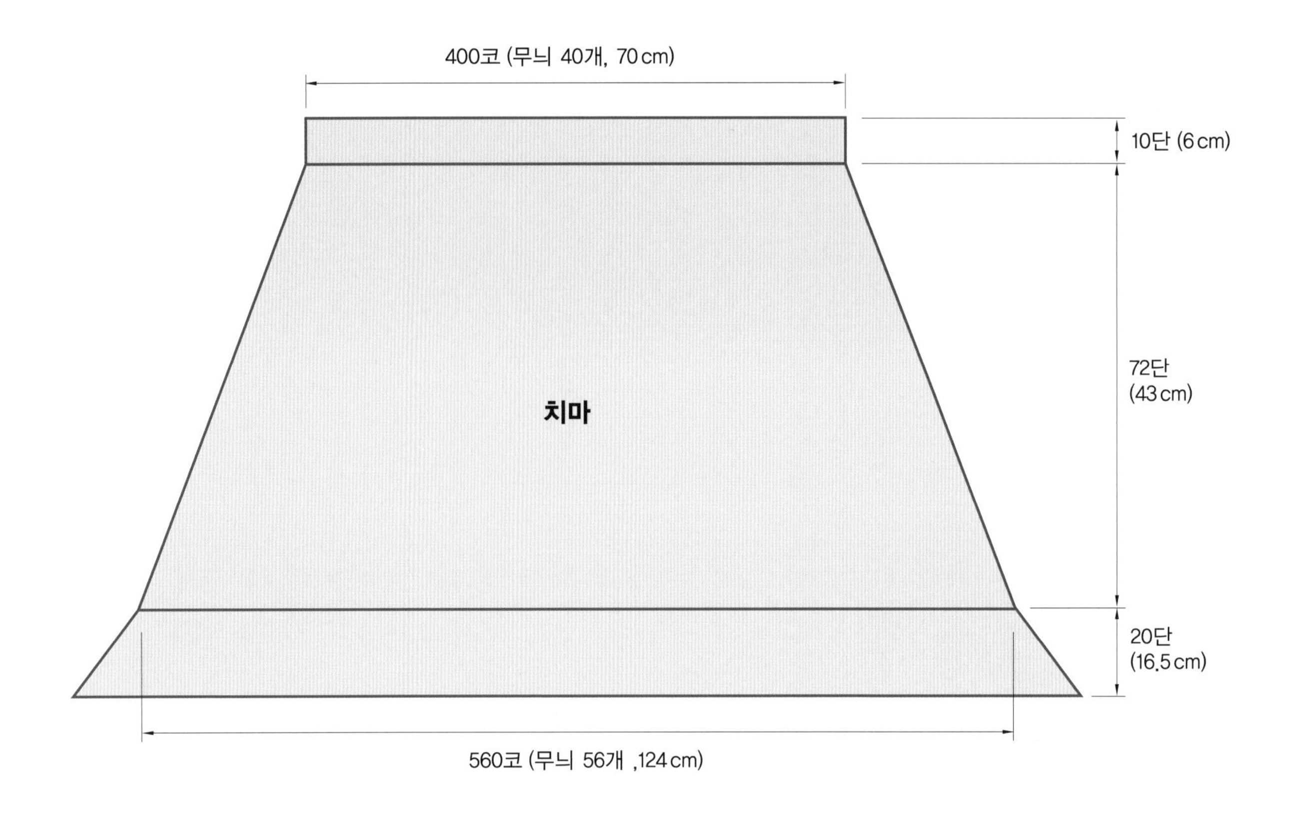
400코 (무늬 40개, 70cm)
10단 (6cm)
치마
72단
(43cm)
20단
(16.5cm)
560코 (무늬 56개 ,124cm)

치마단

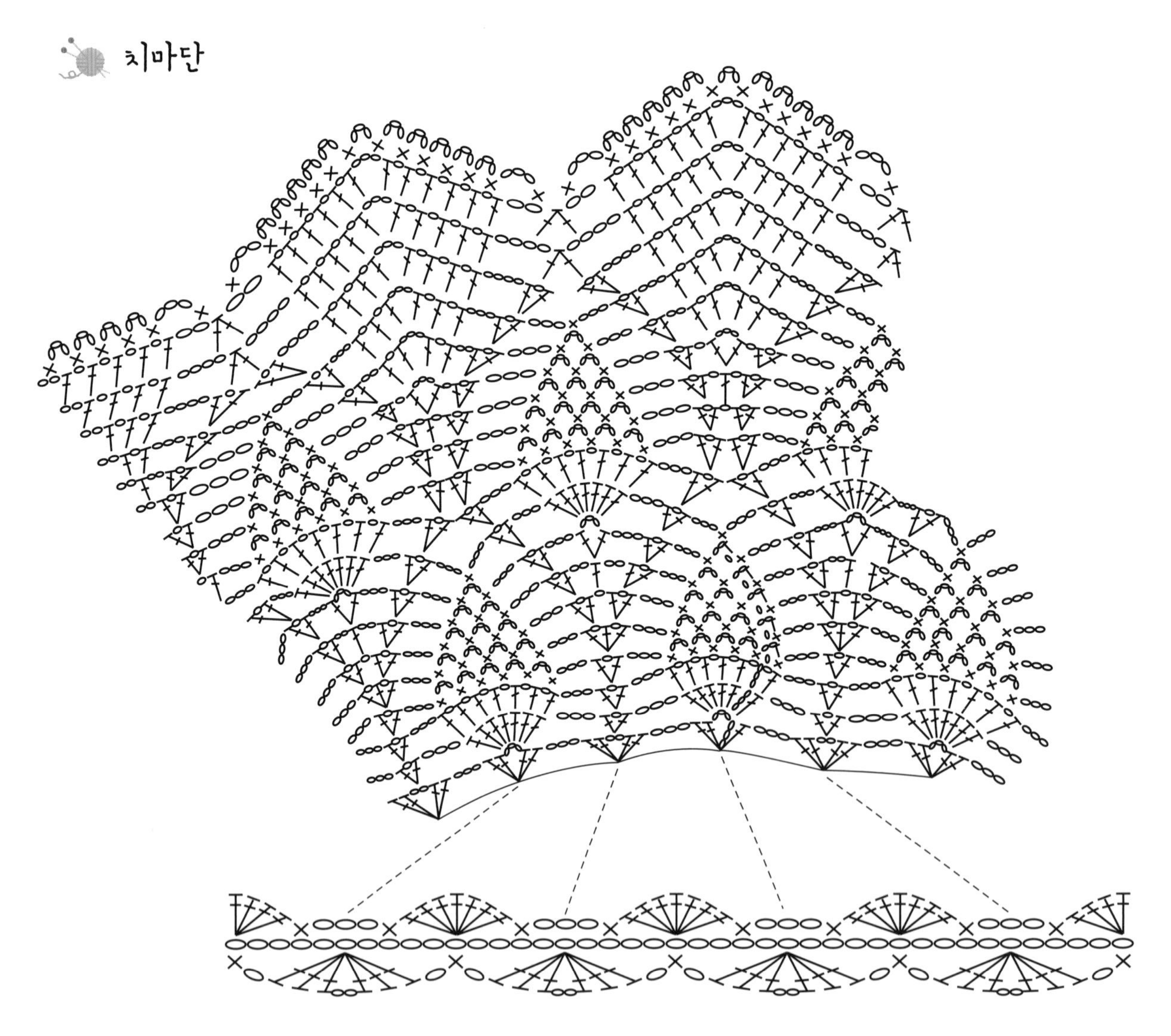

치마

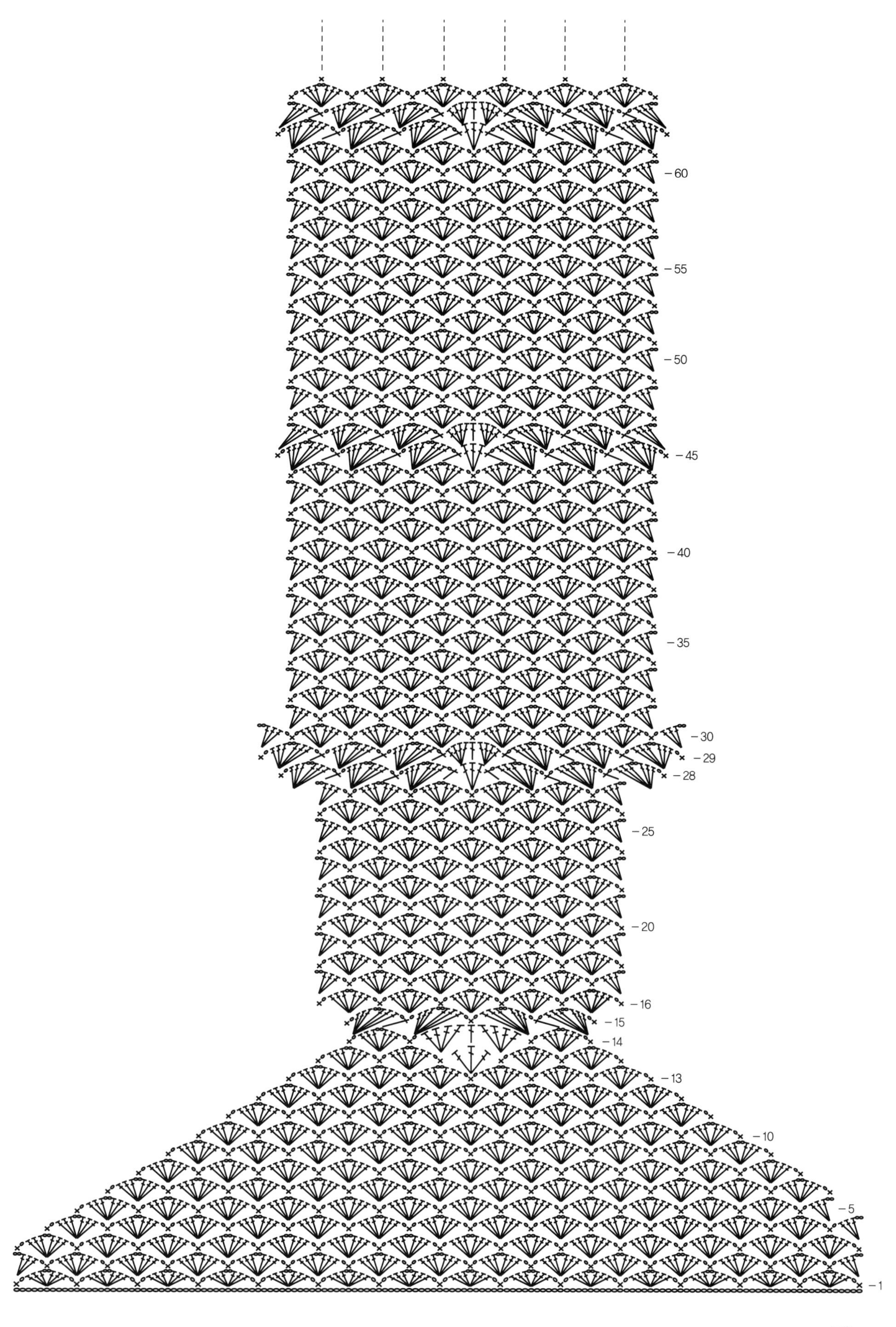

8 Knitting 파랑나염 볼레로와 스커트

실크나염 소재에 비즈를 달아 장식해 시원하면서 멋스러움을 강조하였다.
치마 안감 밑단에 레이스천을 덧대어 걸을 때마다 살짝살짝 보이는 레이스가 아름답다.

1. 앞, 밑단에 전체 돌아가며 2중 장식단뜨기
2. 뒷목단은 1단만 장식뜨기해 칼라 만들기
3. 소매 밑단에 비즈 넣기
4. 치마 안감 레이스가 보이게 사선으로 겹쳐뜨기

파랑나염 볼레로와 스커트

완성 치수

66 size

재료와 도구

실 ...... 와이키키 나염(파랑+흰색)
바늘 .. 코바늘 2호
구슬 .. 흰색

뜨는 방법

❶ 앞 · 뒤 전체 281코(무늬 28개+1코)로 시작해서 양옆을 무늬 2개씩 늘리며 앞판 부분을 곡선 처리한다.

❷ 11단째에는 앞 · 뒤판을 나누어 소매둘레를 만들며 앞판 부분도 앞목라인을 만든다.

❸ 단은 밑, 앞, 목 전체를 파인애플 무늬로 돌리고 난 후 부채꼴 무늬로 덧 돌린 후 구슬을 끼워 장식한다,

❹ 덧 장식단은 뒷목 부분을 제외한 나머지 부분 모두를 돌며 끝에 구슬을 달아 장식한다.

❺ 소매단은 덧 장식단으로 한다.

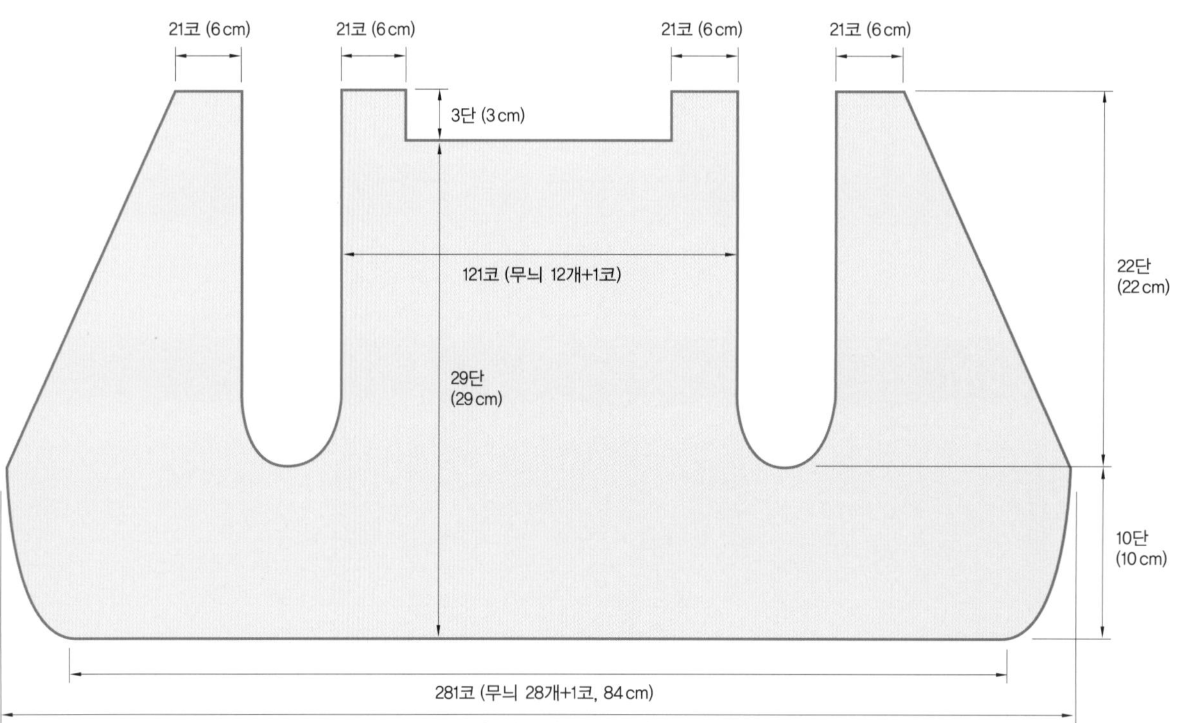

뒷목둘레

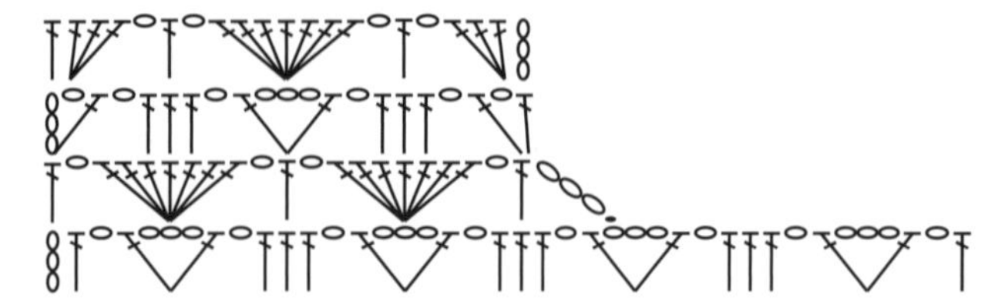

앞목둘레, 소매둘레

소매

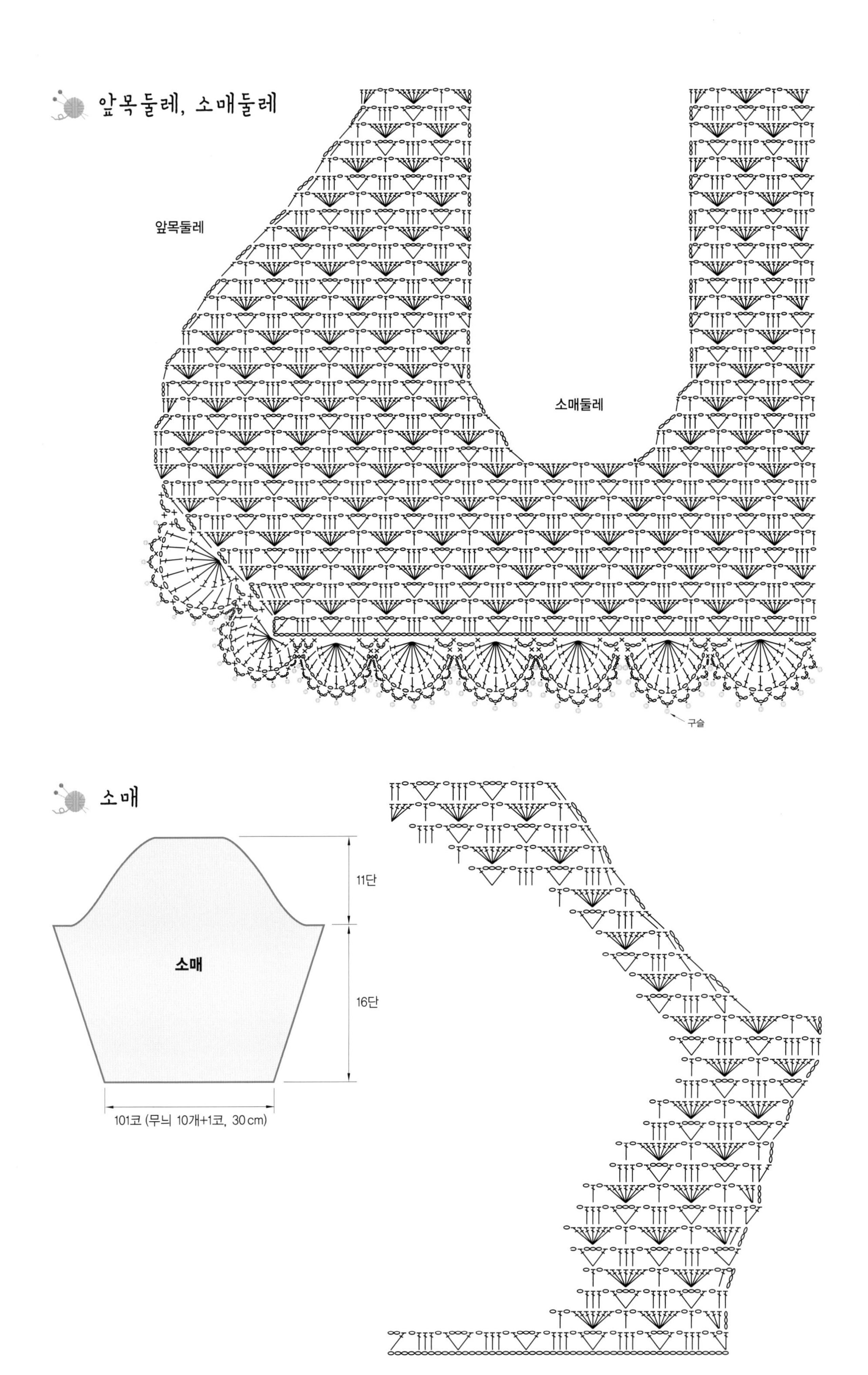

볼레로와 스커트 단

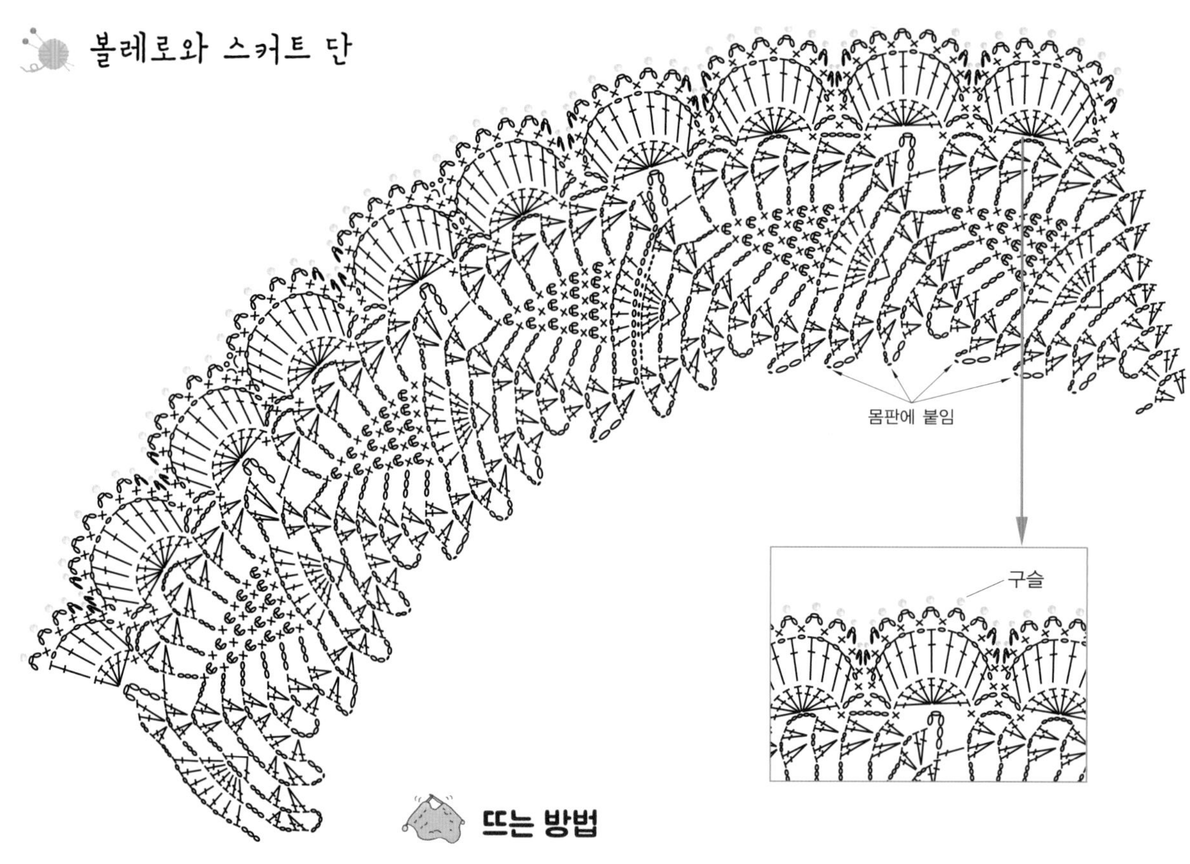

뜨는 방법

❻ 치마는 301코(무늬 30개+1코)를 22단 무늬를 늘려 무늬 41개가 되게 한다.

❼ 치마 22단까지는 오픈해서 뜨다가 23단부터는 이어 통으로 뜨는데 51단째부터는 양옆 솔기로 무늬를 줄이면서 올라간다.

❽ 치마 허리단은 치마 무늬 1개당 1코씩 줄여 333코를 긴뜨기로 3단 뜬 후 접어 고무벨트를 넣는다.

❾ 치마 밑단은 치마 25단되는 곳부터 시작해서 밑단 부분을 왕복하며 뜬다.

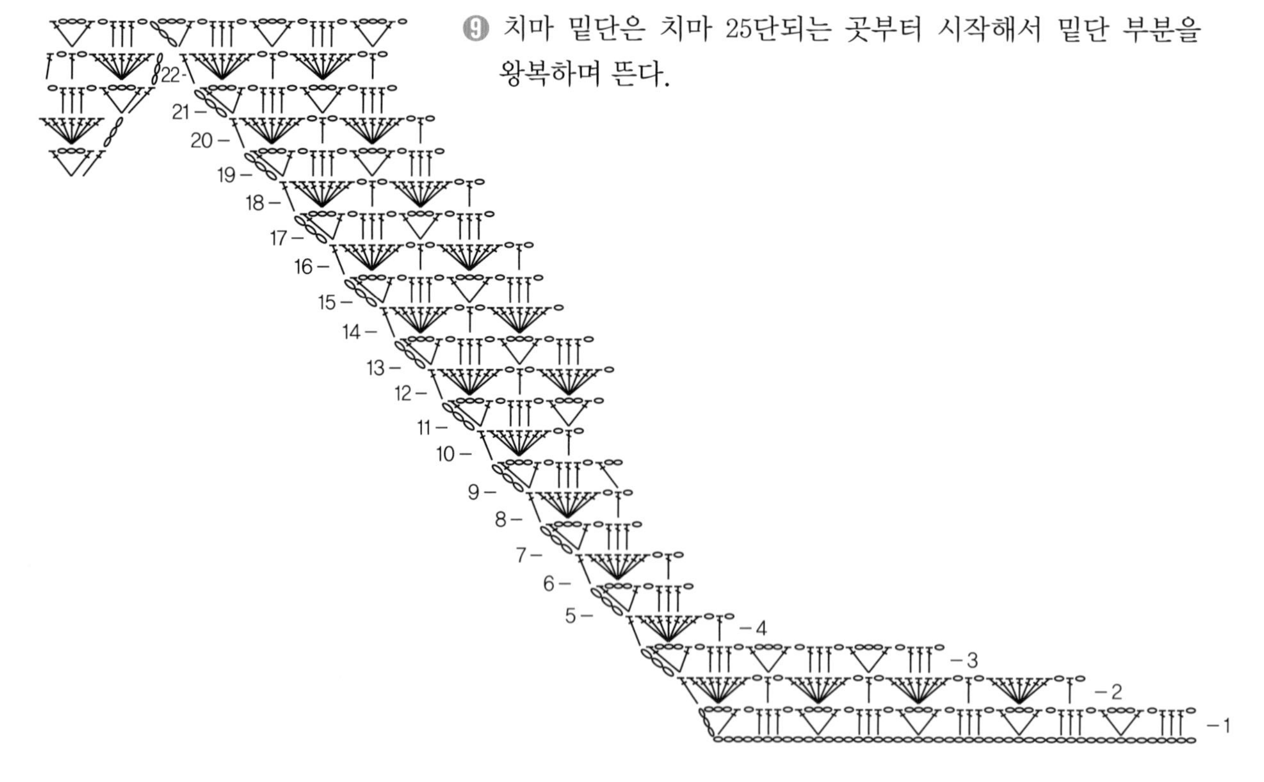

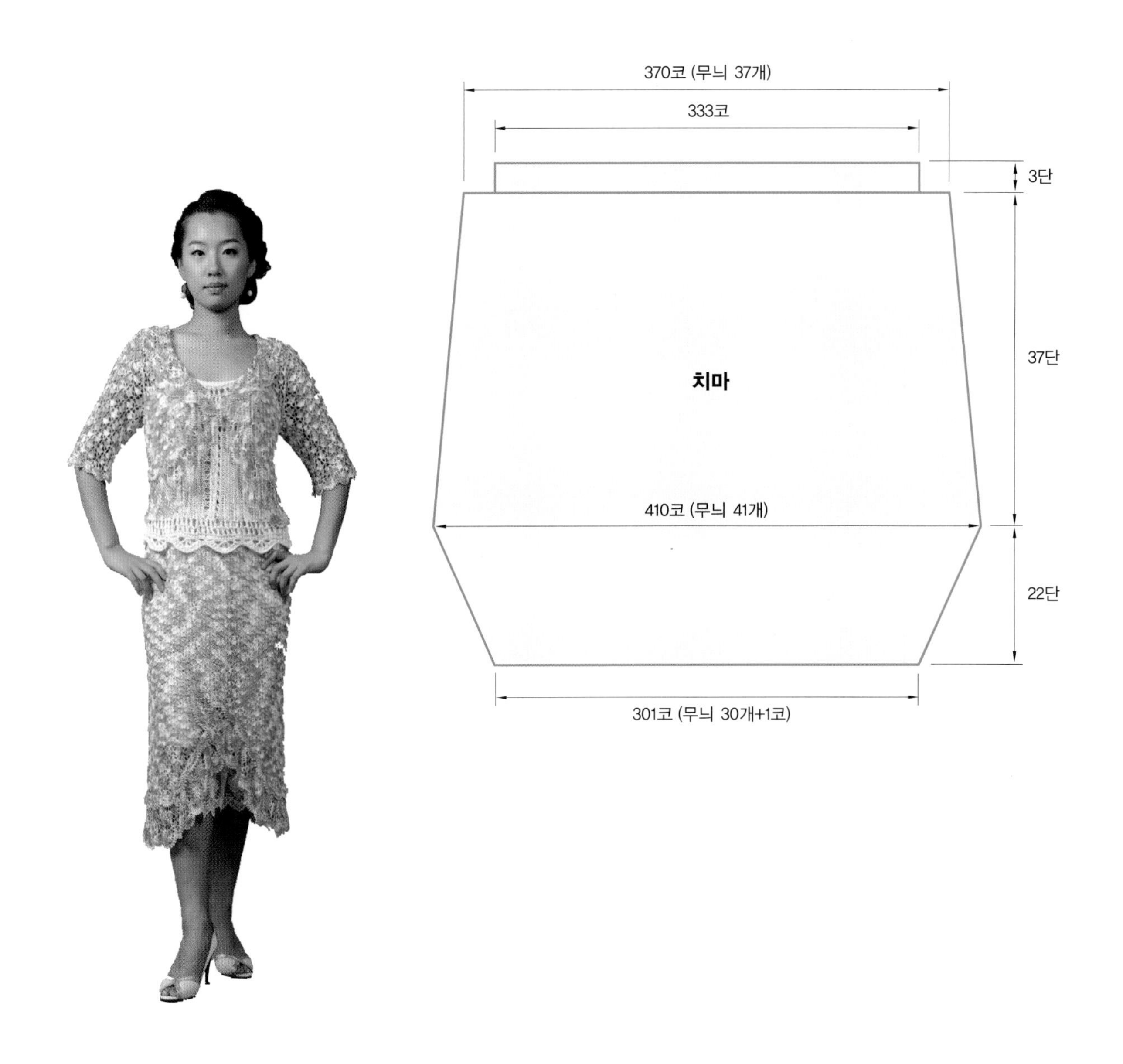

오른쪽 또는 왼쪽 솔기 무늬 줄이기

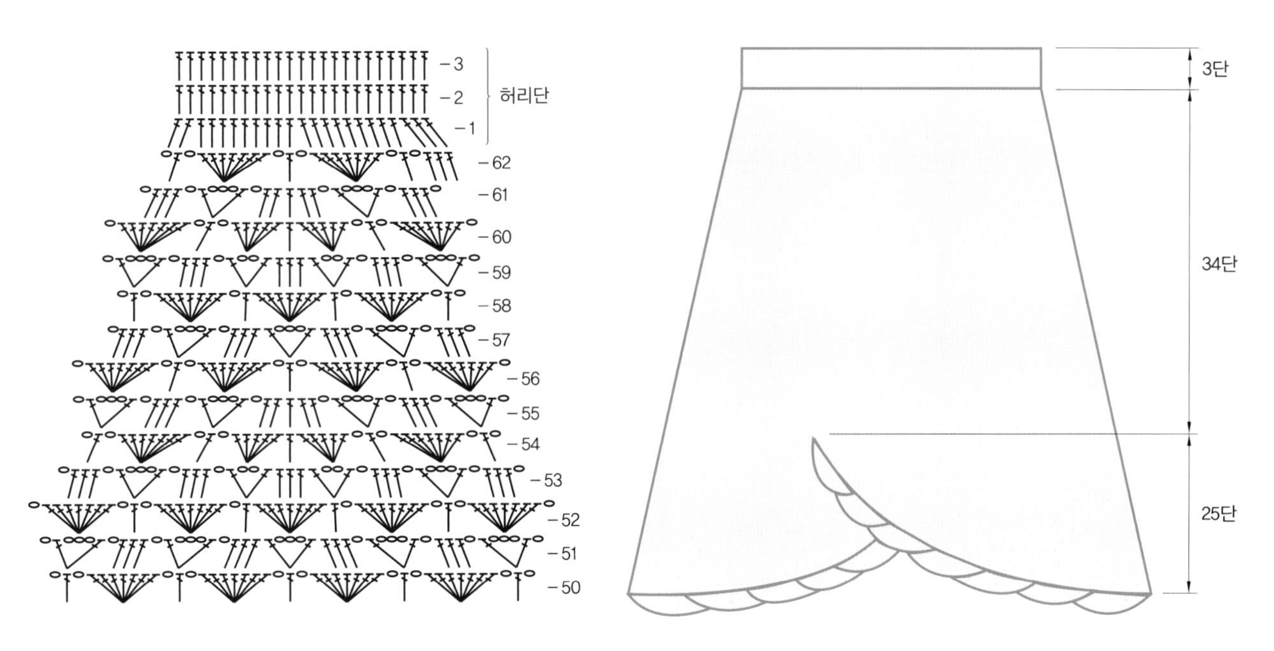

9 Knitting

엘레강스 숄과 투피스

민소매 블라우스 위에 우아한 숄을 걸쳐 여성스런 분위기를 더했다.
숄과 티셔츠 밑단에 비즈를 달아 찰랑거리는 흔들림이 멋스럽다.
민소매 블라우스에 청바지를 받쳐입으면 발랄하고 시원하게 느껴진다.

1. 앞목은 브이넥으로 만들기
2. 뒷목은 라운드로 만들기
3. 숄 모서리 뜨기
4. 치마 밑단 레이스 뜨기

엘레강스 숄과 투피스

완성 치수

66 size

재료와 도구

실 ······· 와이키키(흰색)
바늘 ··· 코바늘 2호
구슬 ··· 연핑크

엘레강스 숄 뜨는 방법

❶ 시작은 사슬 3코로 하며 매 단마다 양옆으로 각 4코(2칸)씩 늘리면서 59단, 553코(276칸)가 되게 뜬다.

❷ 마무리 단에는 구슬을 넣어 장식하며 뜬다.

❸ ☒ = 를 참고하여 도안대로 무늬뜨기한다.

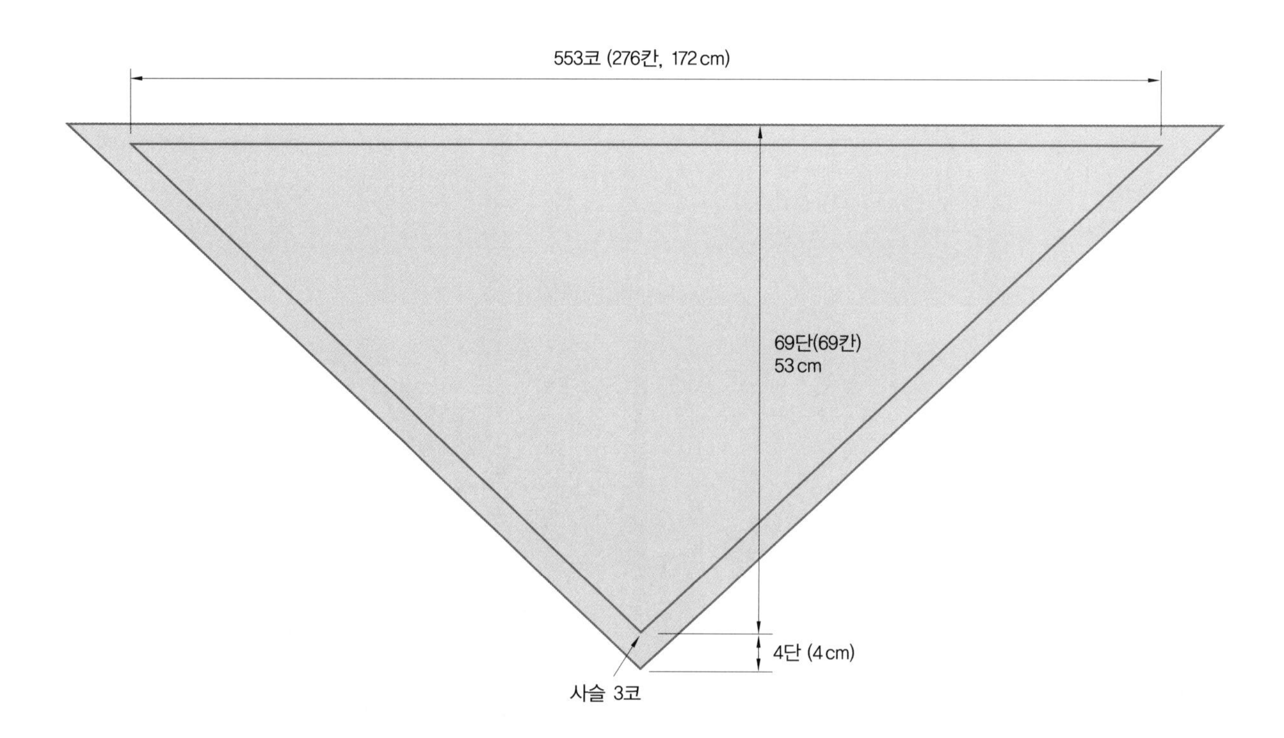

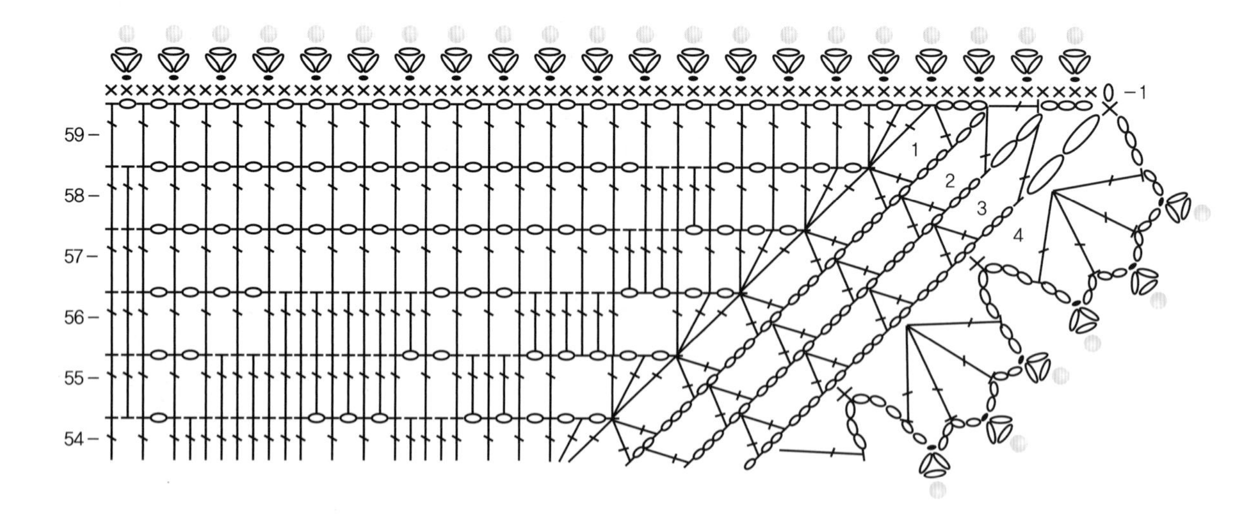

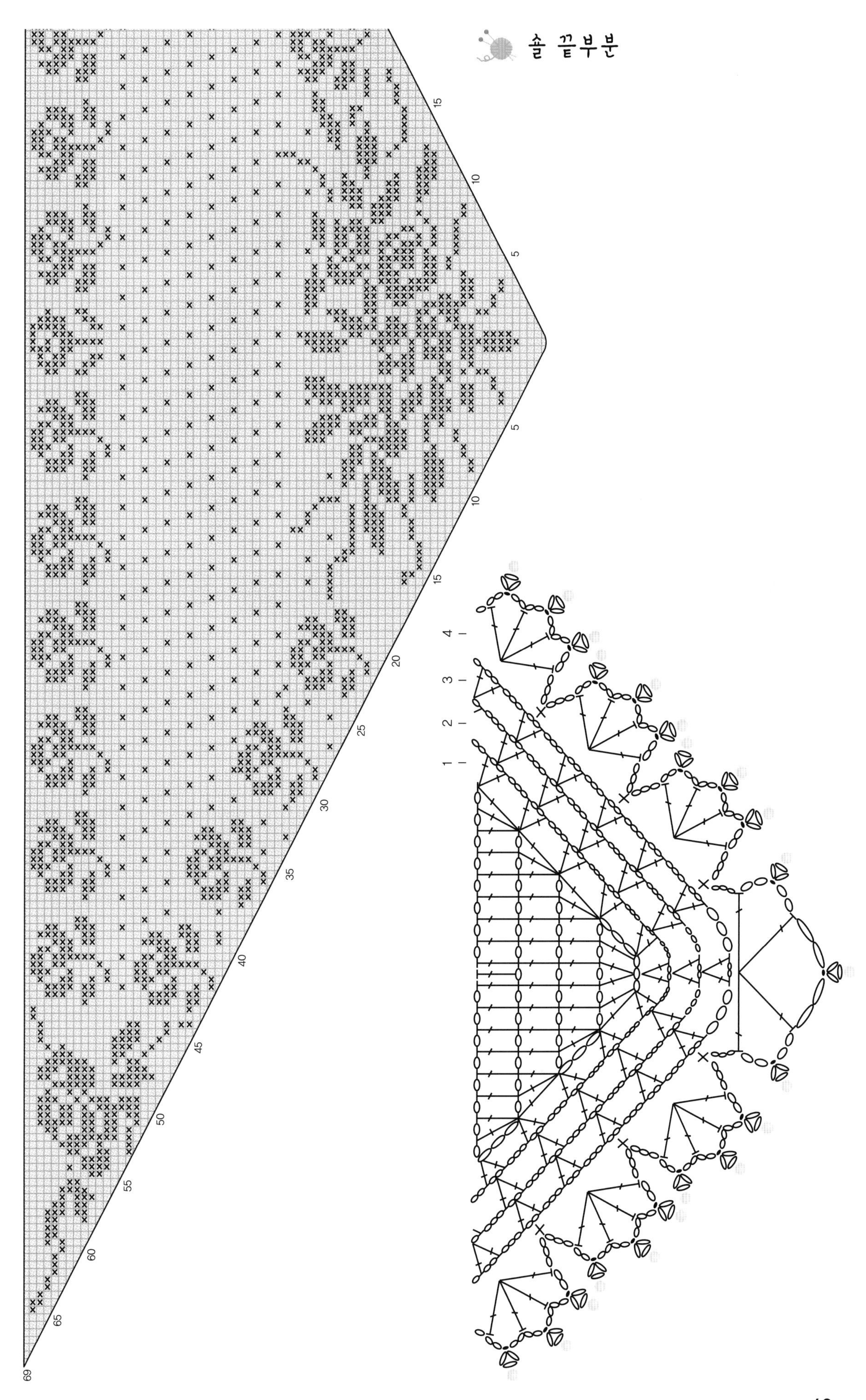
숄 끝부분

완성 치수

66 size

재료와 도구

실 ······· 와이키키(흰색)

바늘 ··· 코바늘 2호

구슬 ··· 연핑크

흰 블라우스 뜨는 방법

❶ 앞판은 161코(무늬 16+1코)를 40단 뜬 후 소매둘레를 만들고 43단째부터 앞판을 반으로 나누어 앞목둘레를 만든다.

❷ 뒤판은 161코(무늬 16+1코)를 40단 뜬 후 소매둘레를 만들고 49단째부터 뒤판을 반으로 나누어 뒷목둘레를 만든다.

❸ 밑단은 몸판 전체를 돌며 뜨는데 구슬을 넣어 장식하며 뜬다.

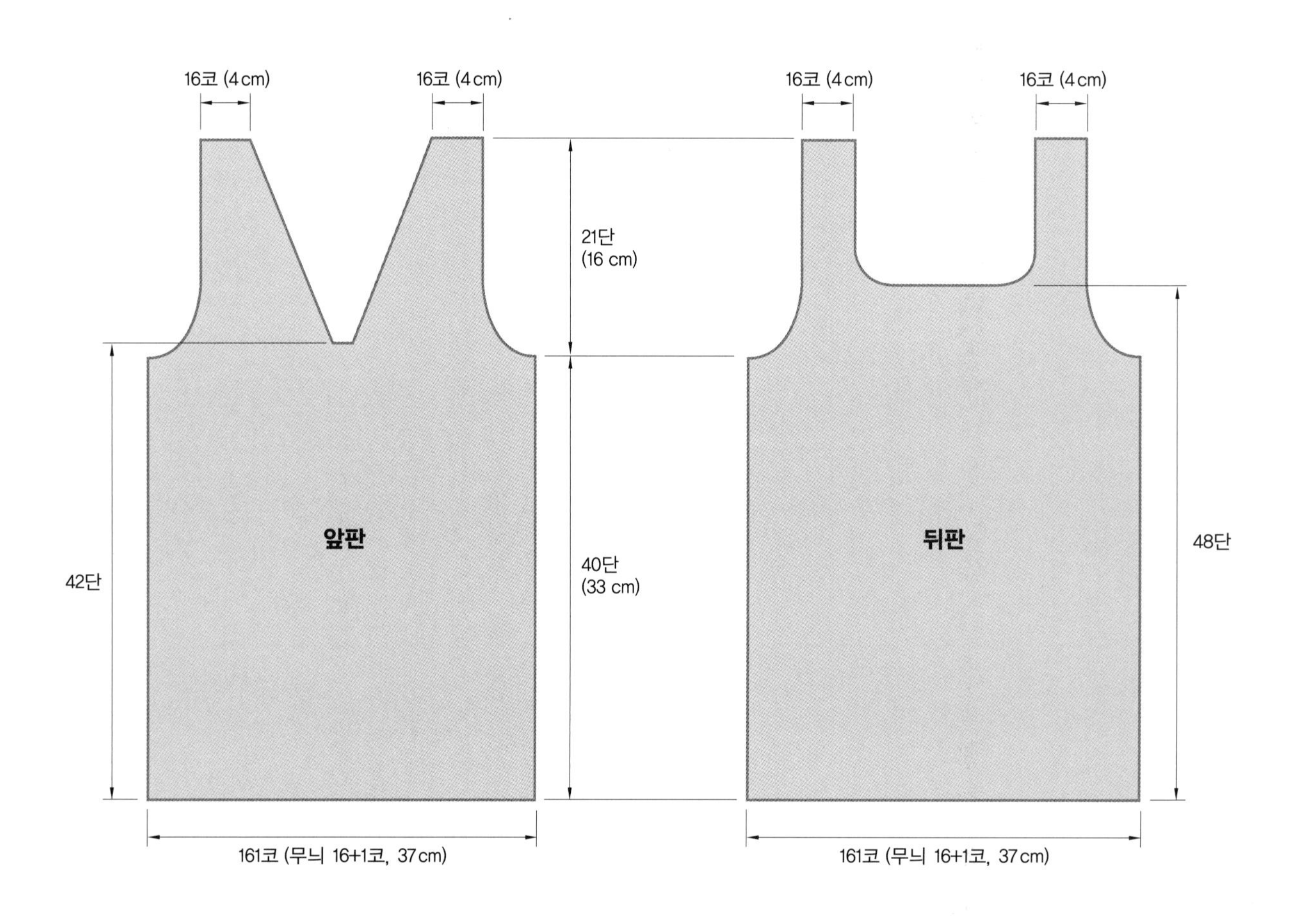

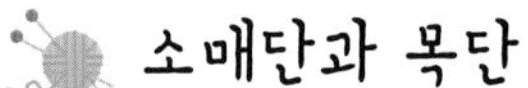

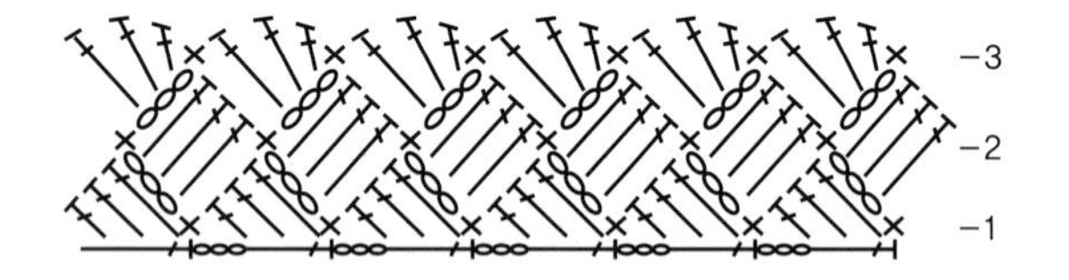

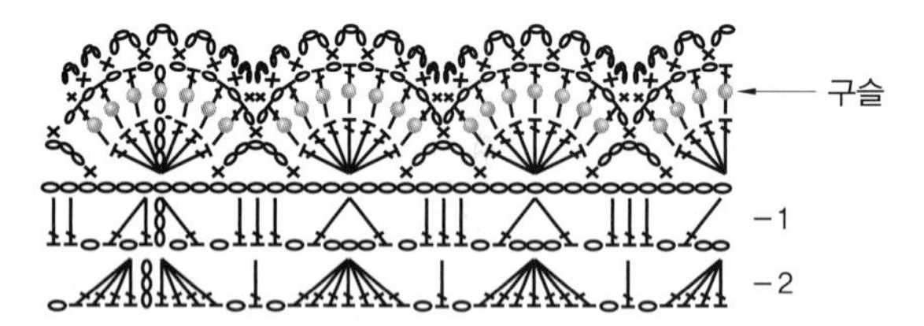

소매둘레, 뒷목둘레

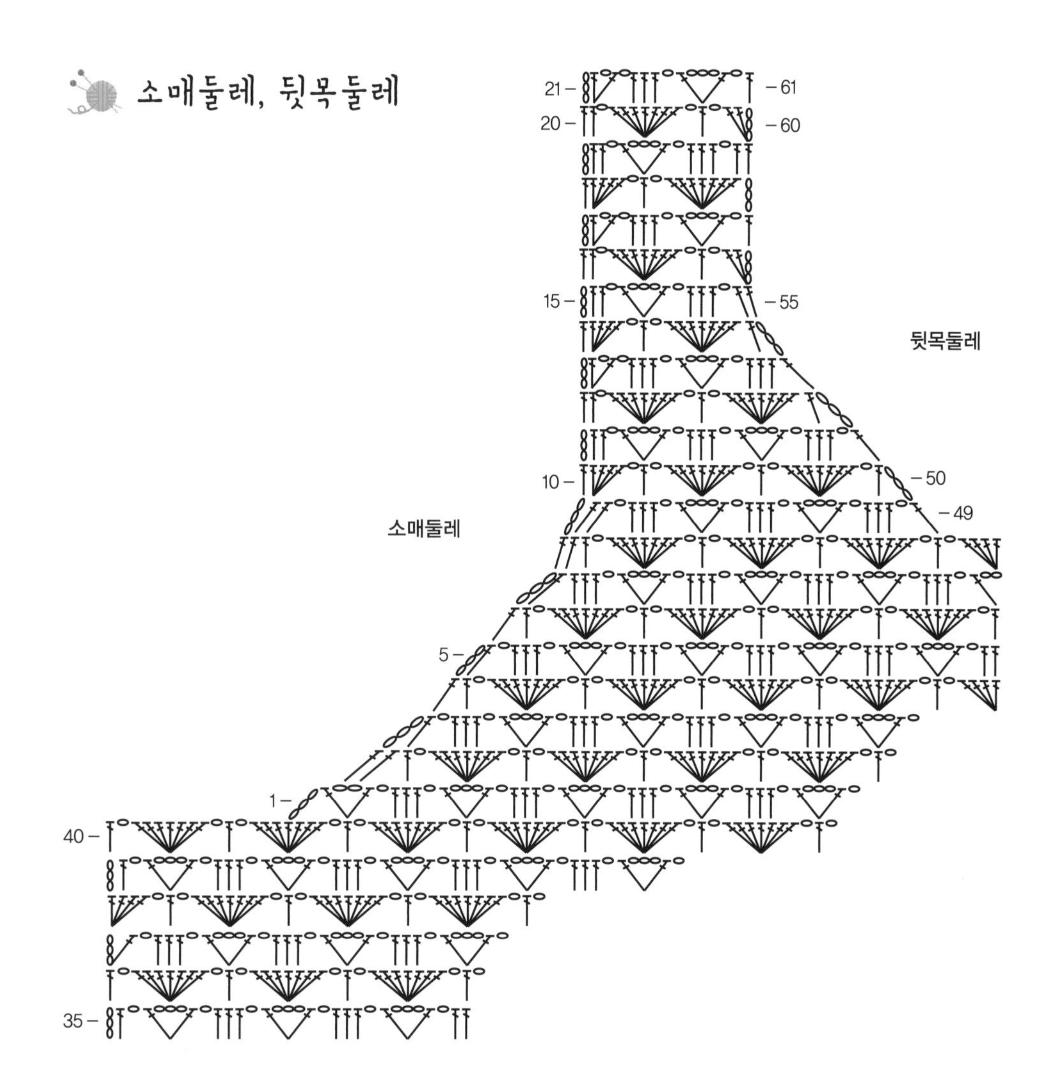

앞목둘레

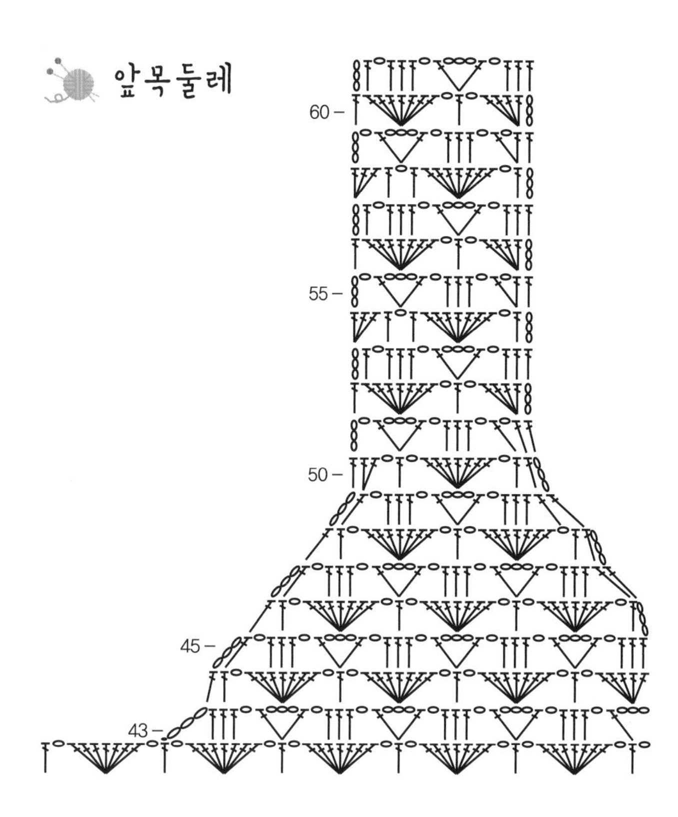

완성 치수

66 size

재료와 도구

실 ······· 와이키키(연자주색)

바늘 ··· 코바늘 2호

스커트 뜨는 방법

❶ 치마단 바탕코 240코로 시작뜨기를 하여 무늬 26개를 만들어 원통뜨기를 한다.

❷ 6단째부터는 앞과 뒤 중심은 무늬 7개씩, 옆 중심은 무늬 6개씩하여 사등분해서 4군데서 무늬 늘리기를 한다.

❸ 59단까지 무늬뜨기를 하고 60단째부터는 단뜨기무늬를 뜬다.

❹ 허리단은 216코(10코에 1코를 줄인다)를 긴뜨기로 5단 떠서 반으로 접어 고무벨트를 넣는다.

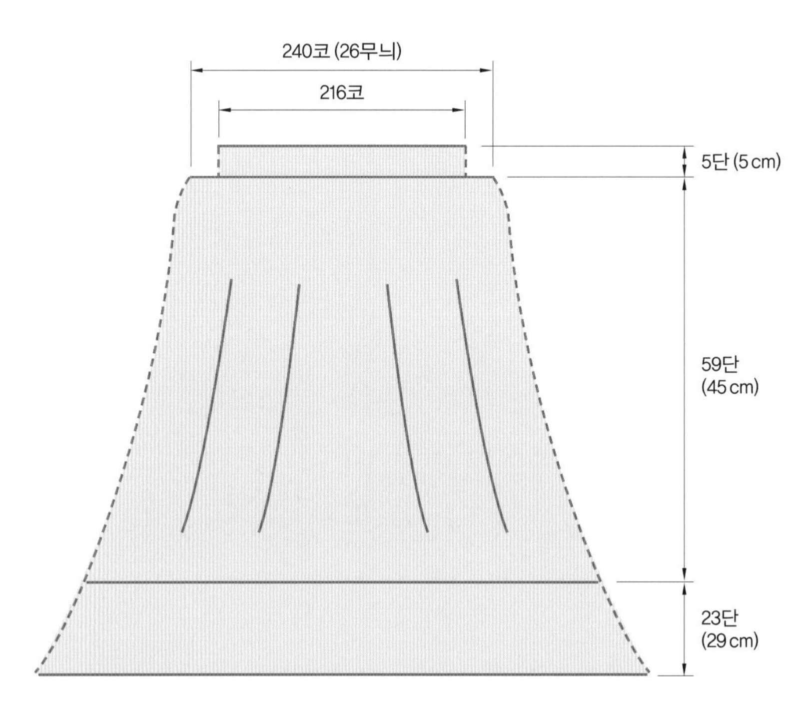

치마 밑단 장식

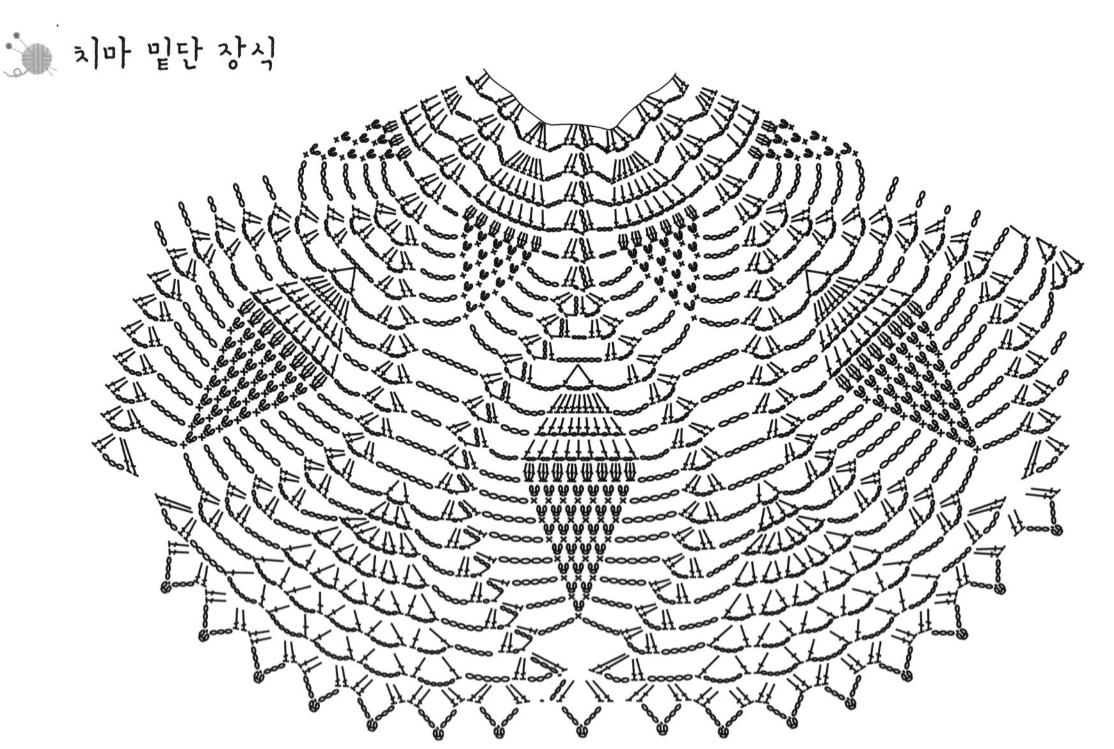

치마무늬 늘리는 법

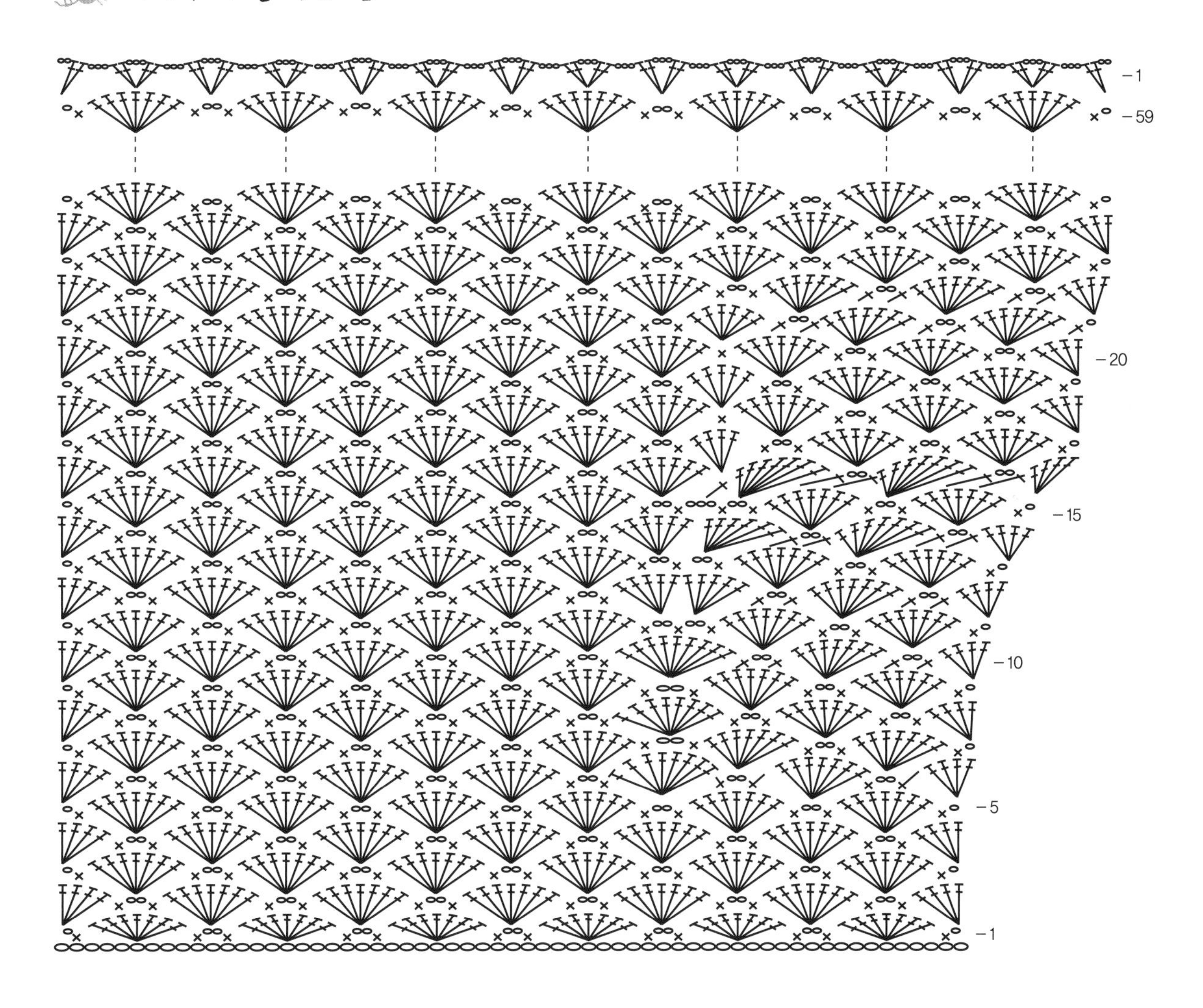

P.a.r.t 2

여성 캐주얼웨어 손뜨개

1_체리핑크 볼레로

2_체리핑크 민소매

3_프리티 옐로 티셔츠

4_파란 반짝이 민소매

5_녹두색 면 반팔티

6_무지개 티셔츠

1 Knitting

체리핑크 볼레로

팔과 어깨를 감싸듯 짧고 귀여운 느낌의 신세대들이 선호하는 볼레로이다.
소매를 둥글려 가운데 트임을 준 부분이 돋보인다.

1. 매 단마다 무늬 콧수를 늘려 가슴만 덮도록 짧게 뜬다.
2. 소매 가운데 트임이 어깨 중심에 오게 달기
3. 매 단마다 코를 늘려가며 가운데 트임 넣기
4. 티셔츠 밑단 부분

체리핑크 볼레로

완성 치수

66 size

재료와 도구

실 .... 썸머울(체리핑크)
바늘 ... 코바늘 2호

뜨는 방법

❶ 사슬 208코를 시작코로 하고 13단을 뜨고 14단째 앞 · 뒤판을 나누어주고 소매둘레를 만든다.

❷ 양옆 가장자리 부분은 앞판이고 18단은 매 단마다 무늬를 늘려준다.

❸ 소매는 사슬 45코를 시작코로 해서 매 단마다 무늬늘리기를 12단하고 무늬늘리기를 한 양옆 가장자리를 소매산에 오게 한다.

❹ 소매는 7단 뜬 후 8단째 반으로 나누어 가운데에서 소매둘레 줄이기를 한다.

❺ 소매단은 윗 중심점에서 아래 중심점까지 왕복뜨기한다.

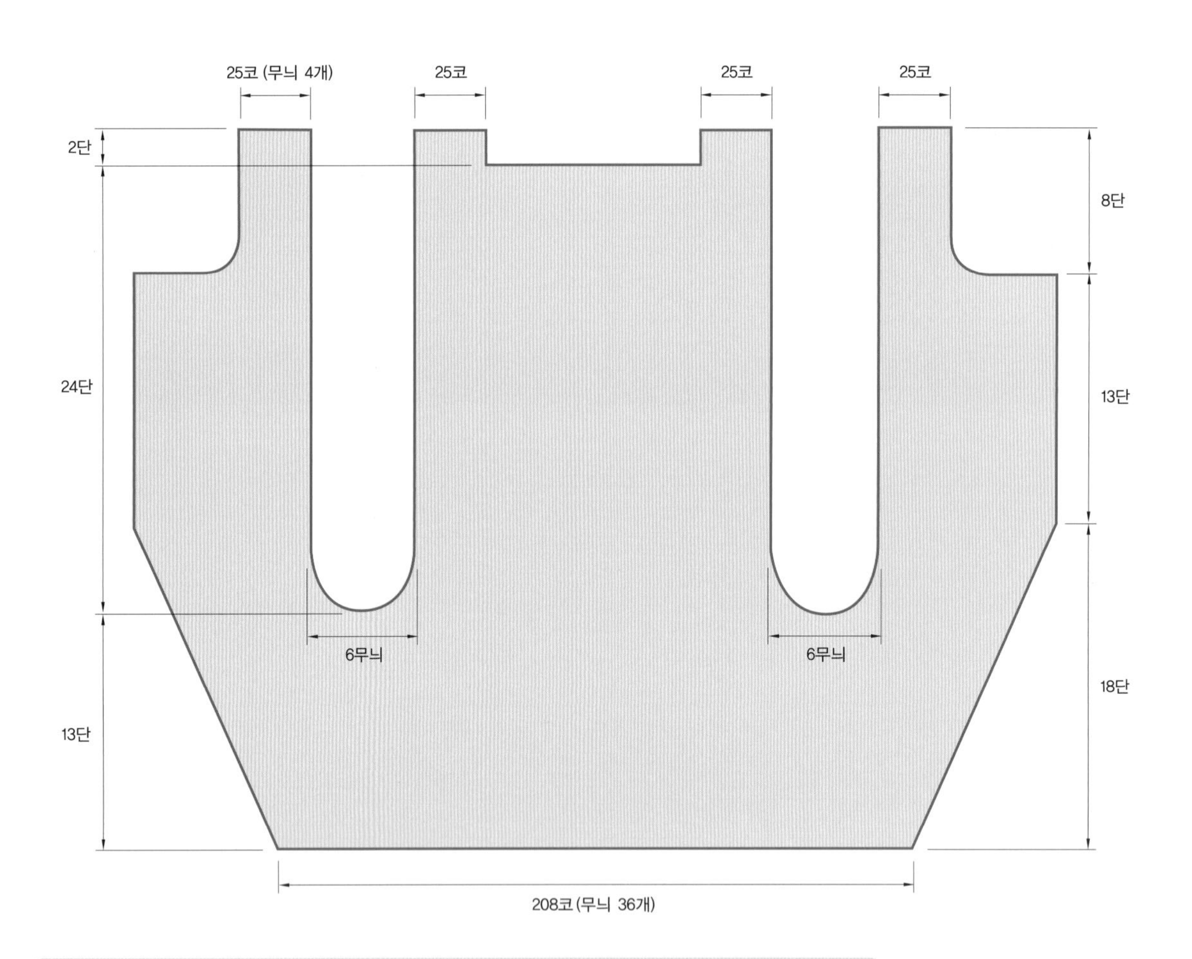

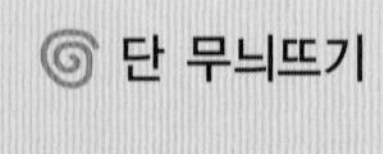

단 무늬뜨기

뒷목둘레, 소매둘레, 앞목둘레

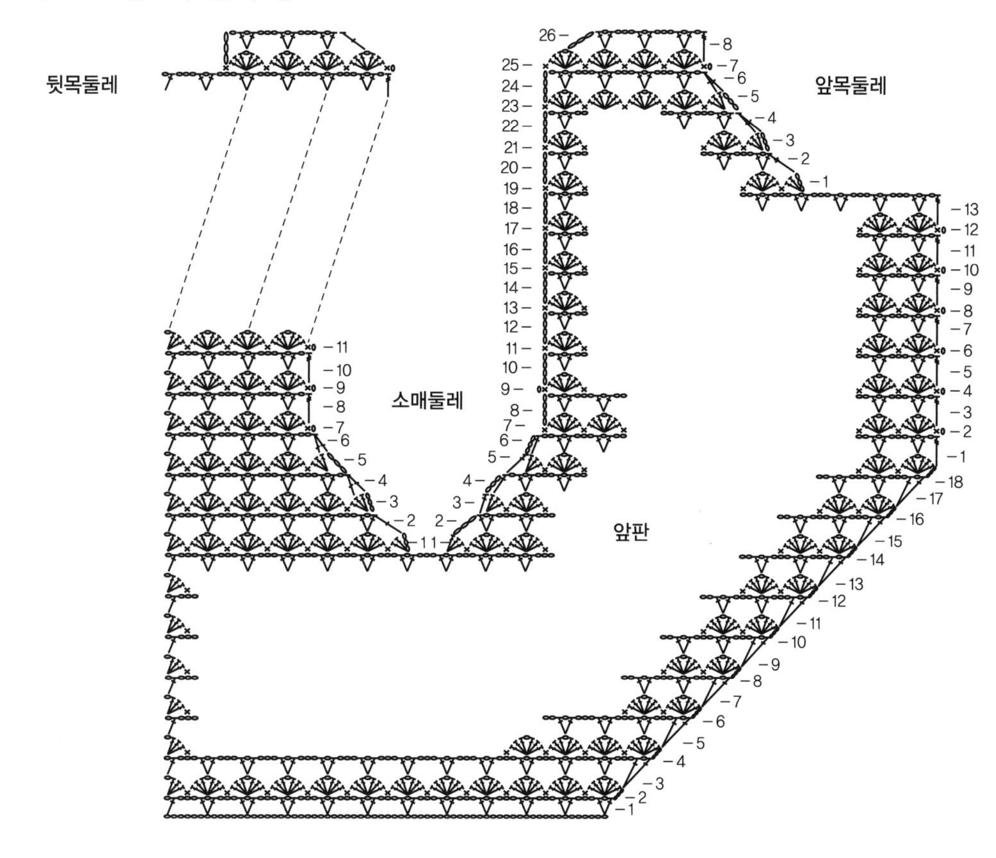

소 매

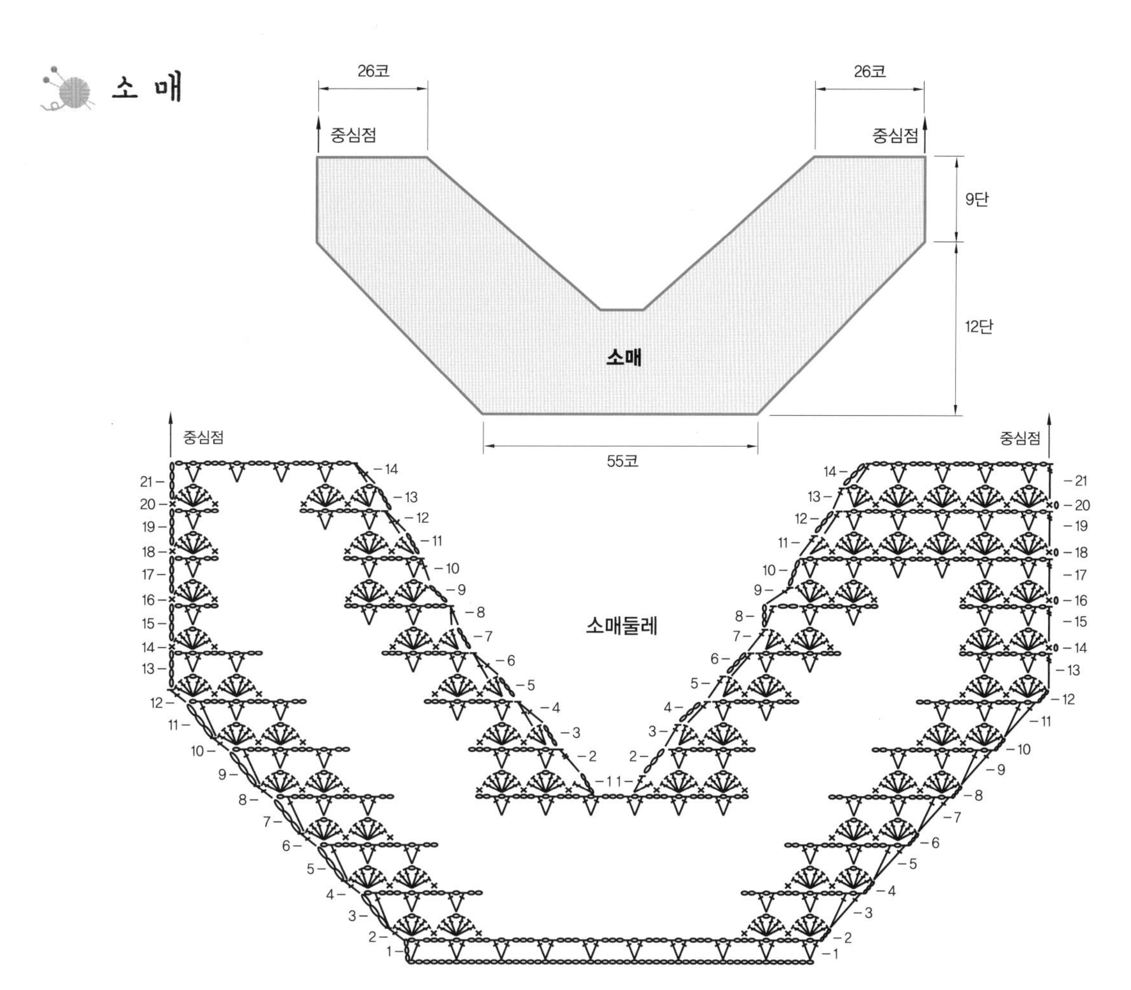

2 Knitting
체리핑크 민소매

일반적인 민소매 티셔츠로, 한여름에 청바지나 청스커트에 받쳐 입으면 상큼 발랄해 보인다.
간단한 무늬로 뜨여졌기 때문에 어떤 옷이든 받쳐입기 쉬운 기본 셔츠이다.

1. 라운드 목단 뜨기
2. 무늬뜨기 A

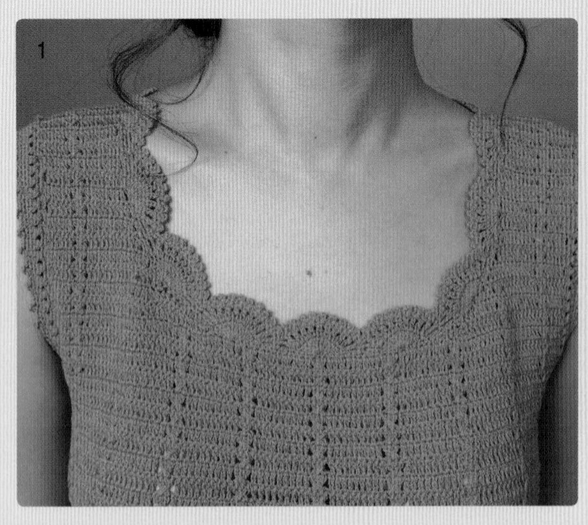

체리핑크 민소매

완성 치수

66 size

재료와 도구

실 …… 썸머울(체리핑크)
바늘 … 코바늘 2호

뜨는 방법

❶ 몸판은 무늬뜨기 A를 24단 뜬 후 무늬뜨기 B로 바꿔 뜬다.

❷ 무늬뜨기 B를 25단 뜬 후 소매둘레를 줄이며 22단 올라가서 23단째는 어깨 경사뜨기한다.

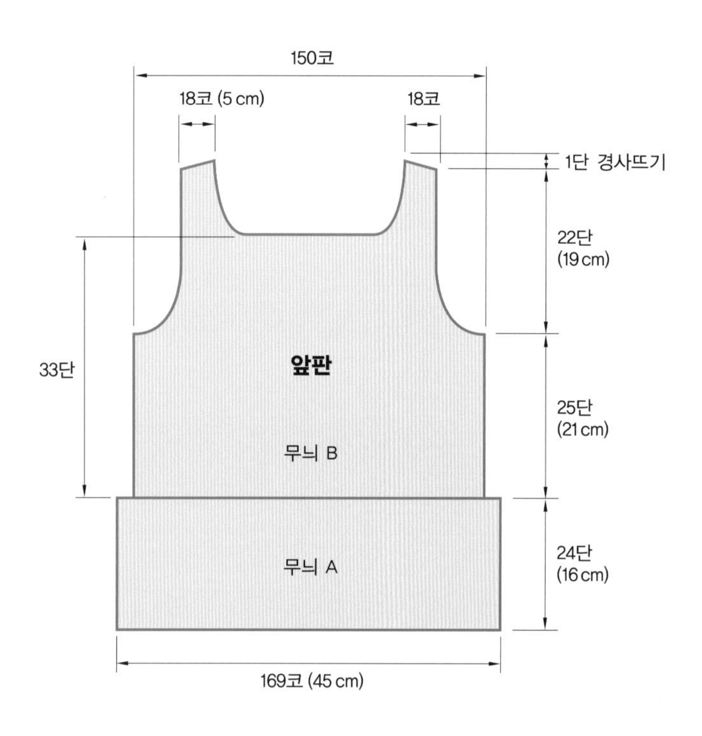

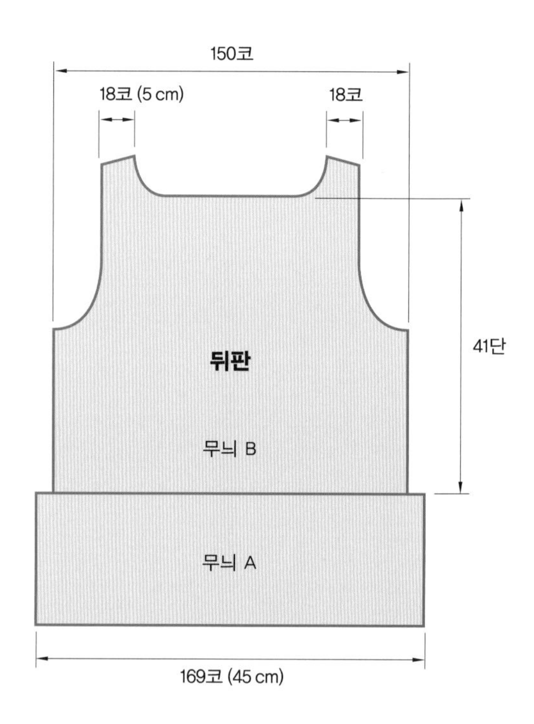

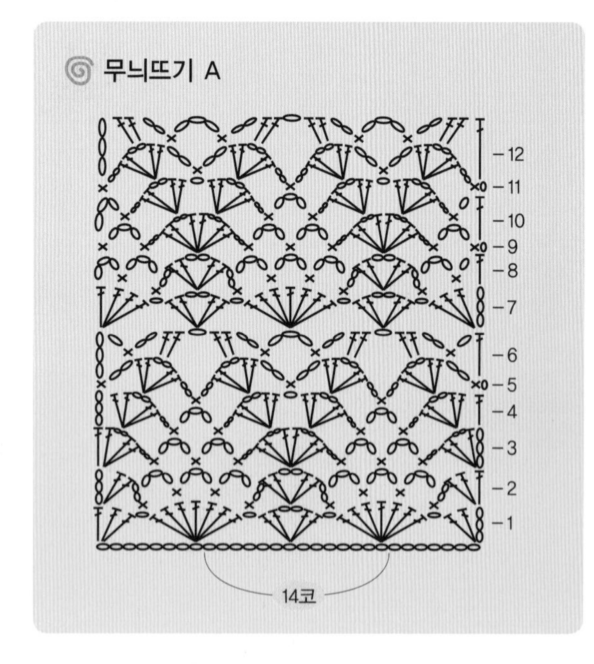

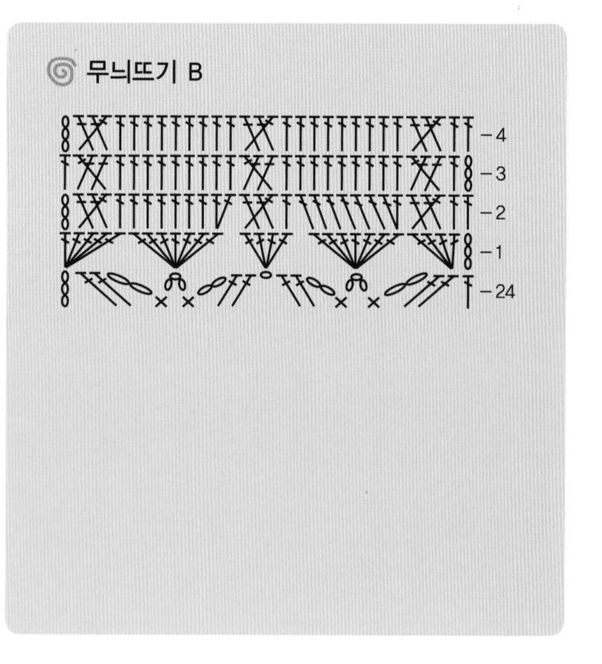

앞목둘레, 소매둘레

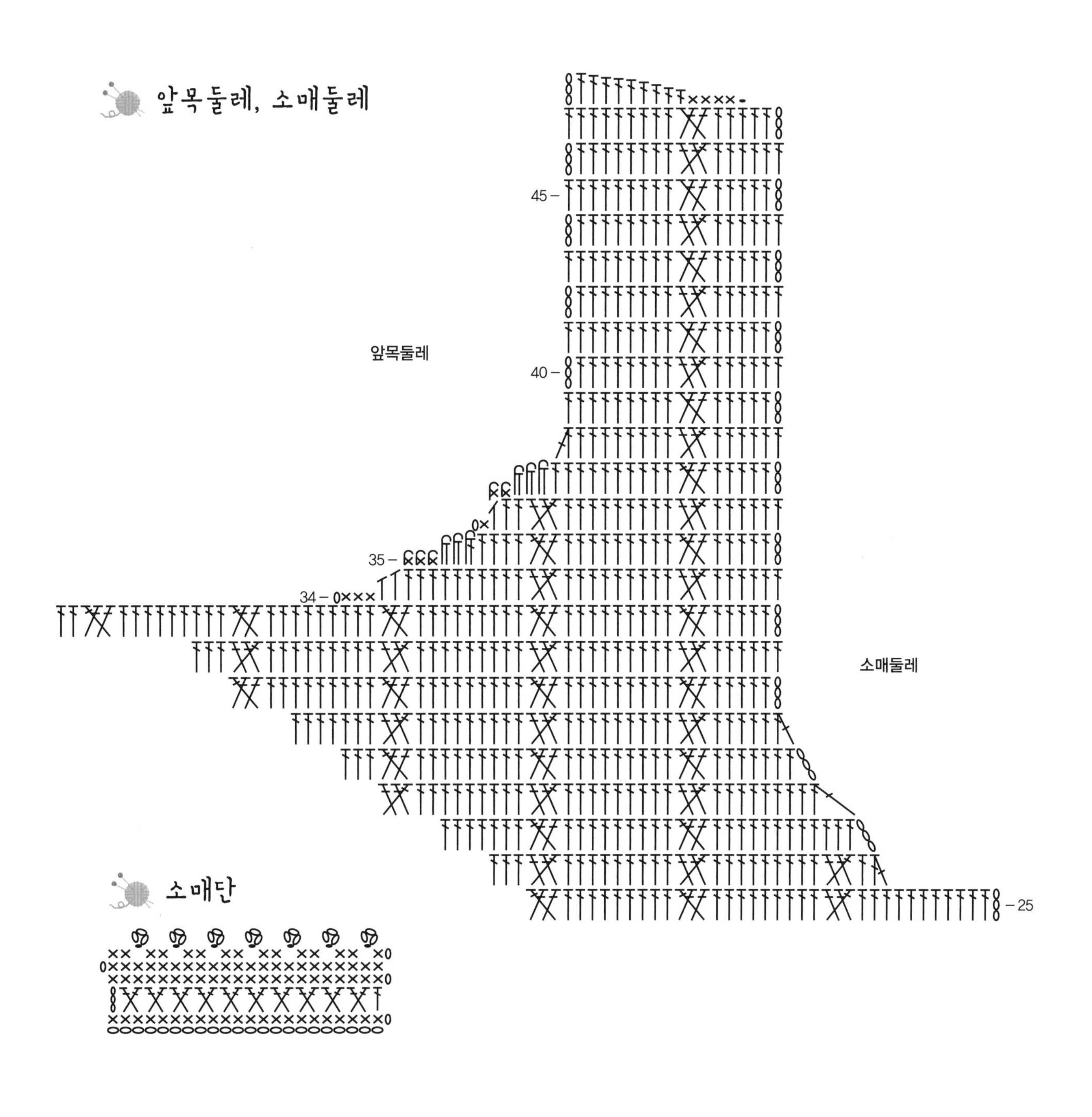

소매단

뒷목둘레

목과 밑단

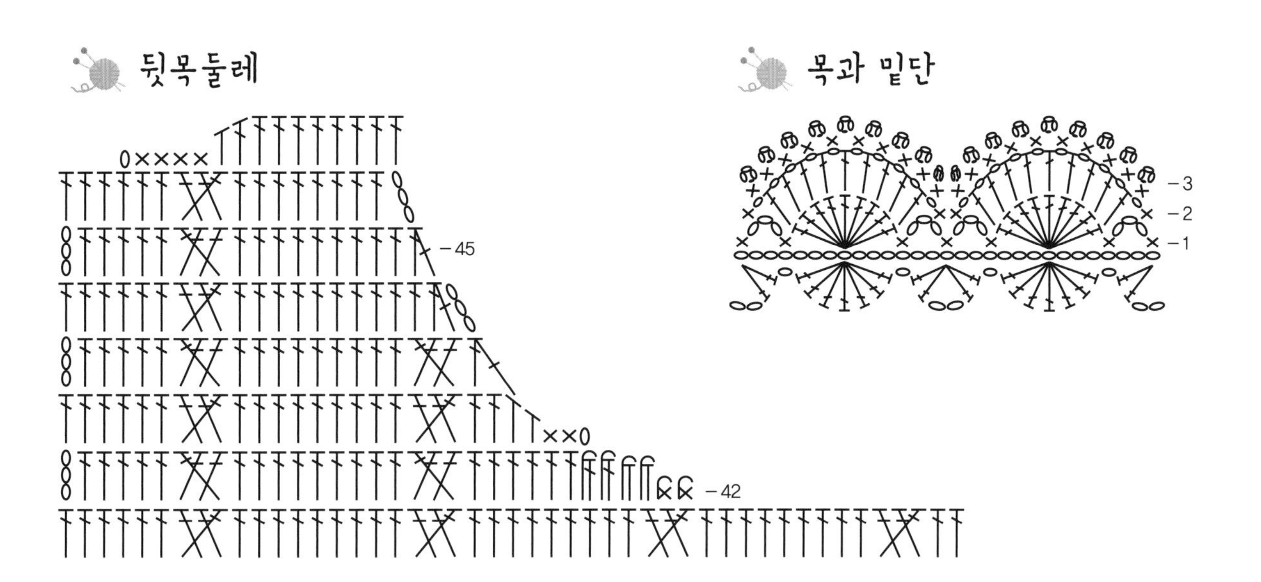

3 Knitting
프리티 옐로 티셔츠

자칫 평범해 보이기 쉬운 티셔츠 위에 하얀 레이스 칼라를 달아 개성적인 귀여움을 더해 주었다.

1. 목에 칼라를 달고 리본으로 장식
2. 칼라 뜨기
3. 소매 뜨기
4. 티셔츠 밑단 부분

프리티 옐로 티셔츠

뜨는 방법

완성 치수

66 size

재료와 도구

실 .... 와이키키(노랑색, 흰색)
바늘 ··· 코바늘 2호
리본 ··· 흰색

❶ 앞판과 뒤판은 도안에 맞추어 무늬뜨기를 한다.

❷ 칼라는 흰색실로 따로 떠 두었다가 목단을 뜨면서 붙인다.

❸ 완성하고 난 후 칼라 부분에 리본을 끼워 장식한다.

❹ 뒷목은 양 어깨코 각 29코를 3단 더 떠올린다.

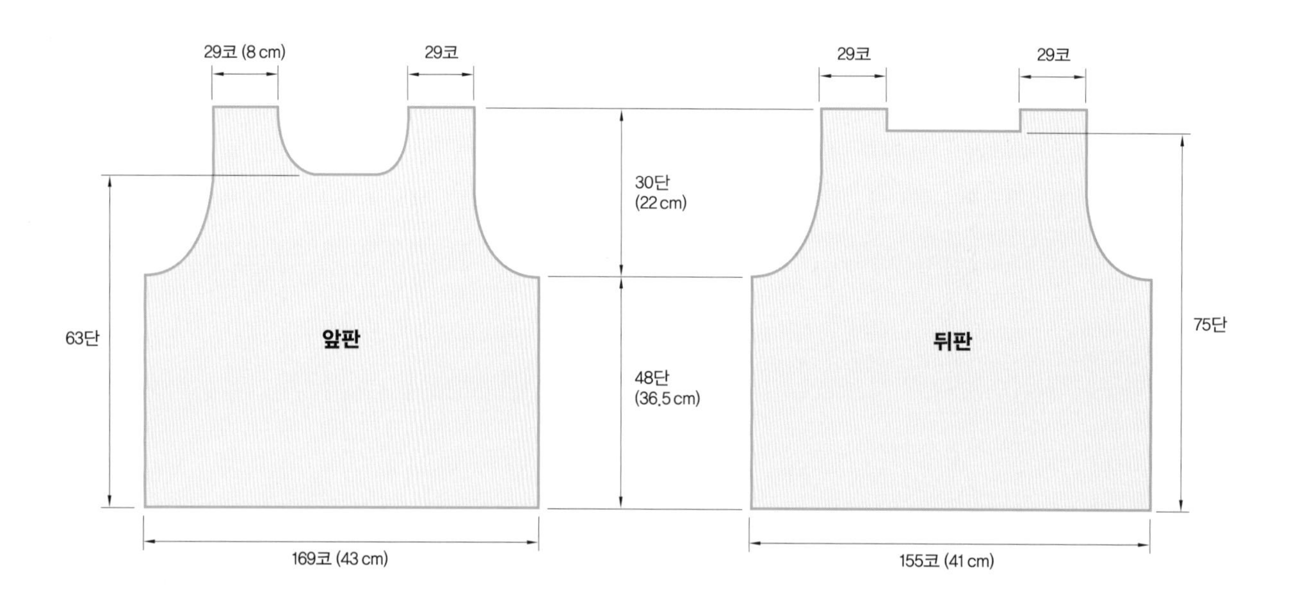

밑 단

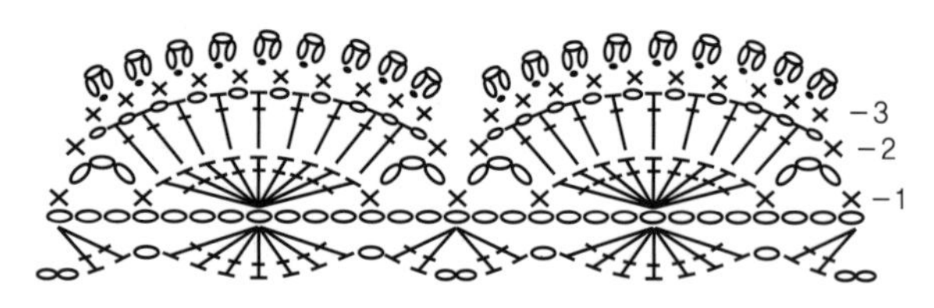

목단과 소매단

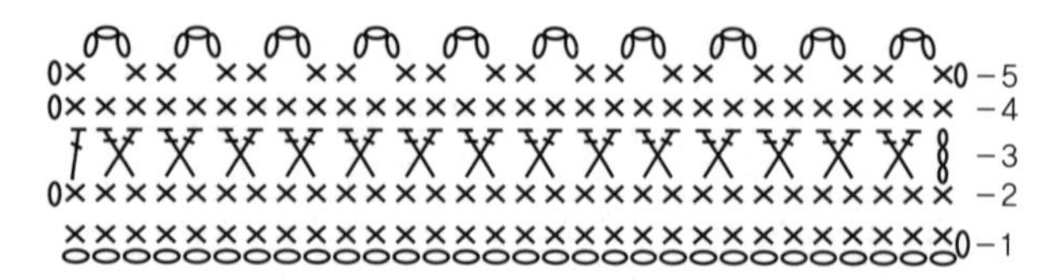

칼라

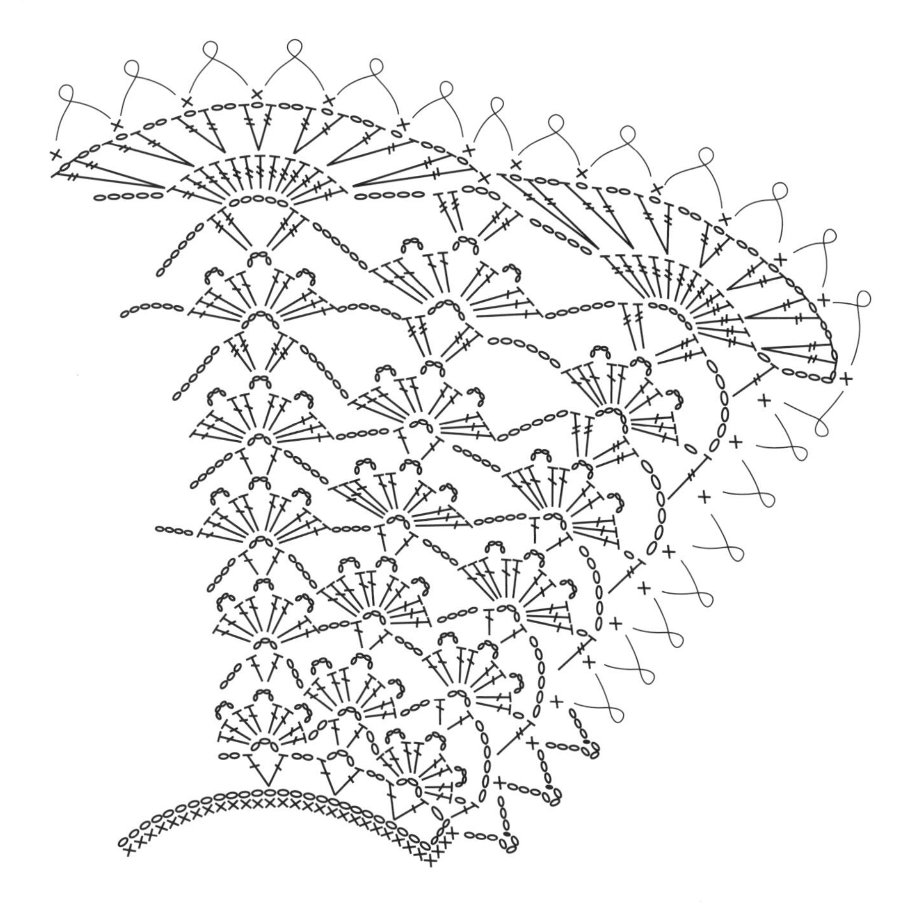

CALINA COLLECTION
Waikiki

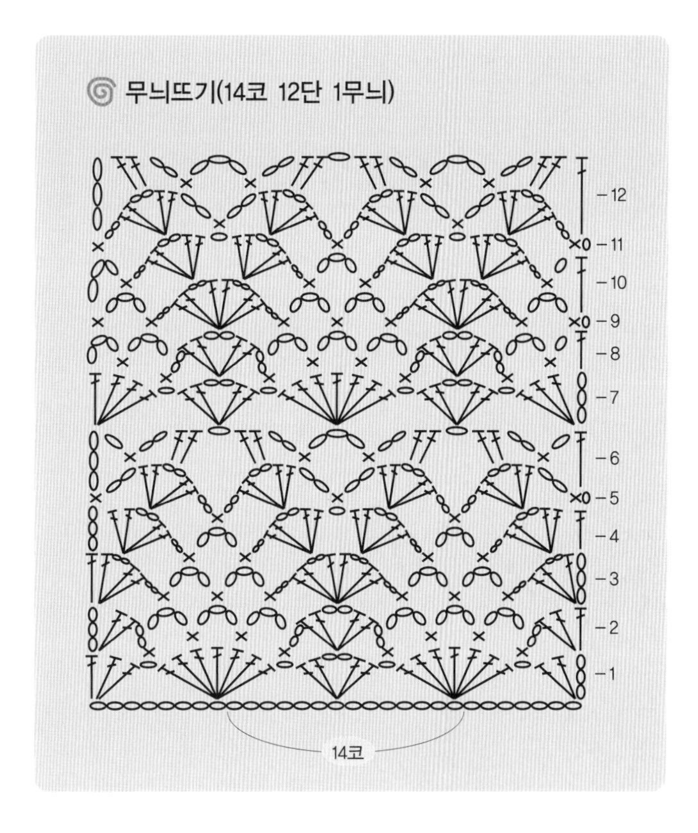
무늬뜨기(14코 12단 1무늬)
12
11
10
9
8
7
6
5
4
3
2
1
14코

앞목둘레, 소매둘레

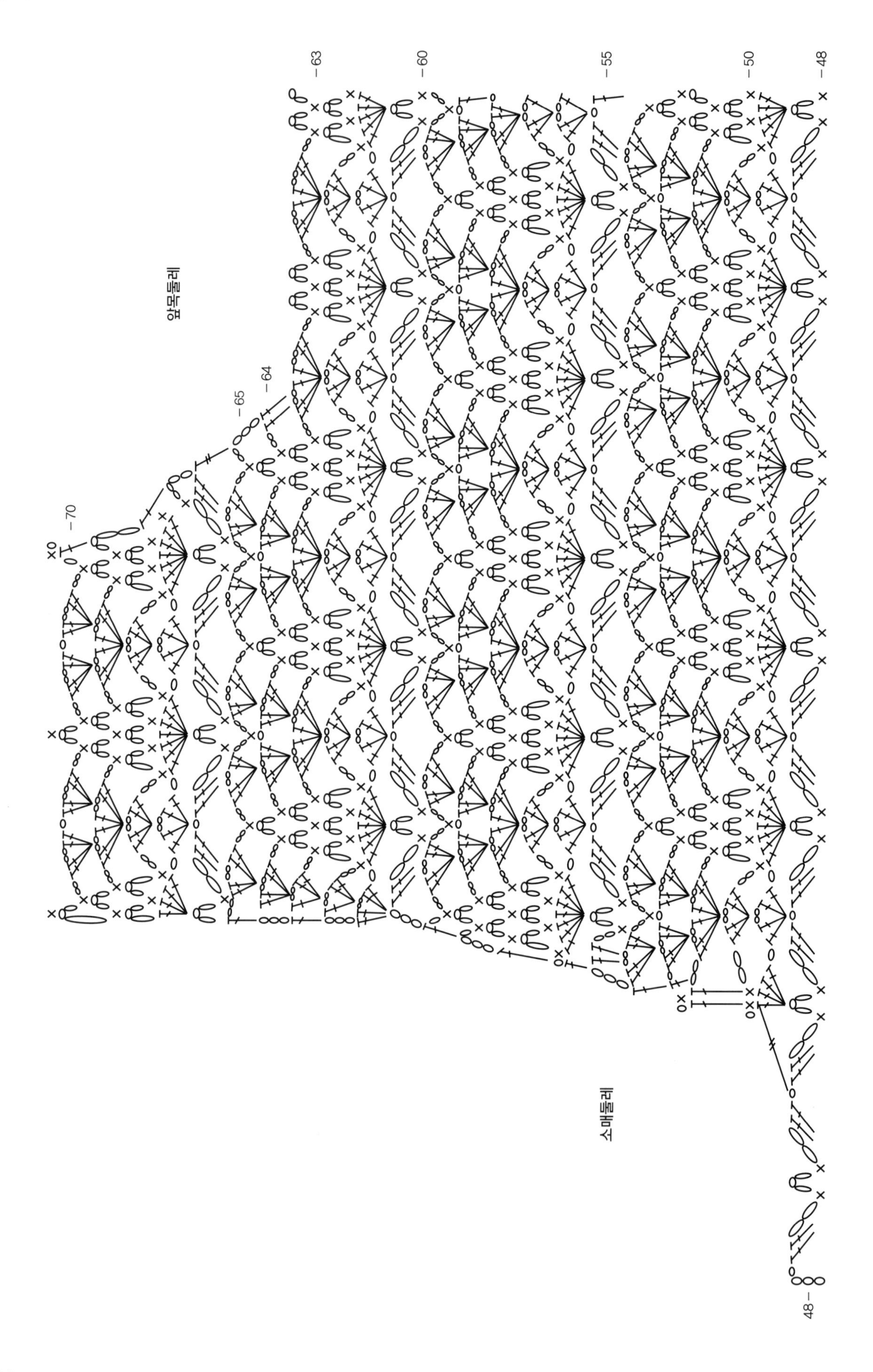

소 매

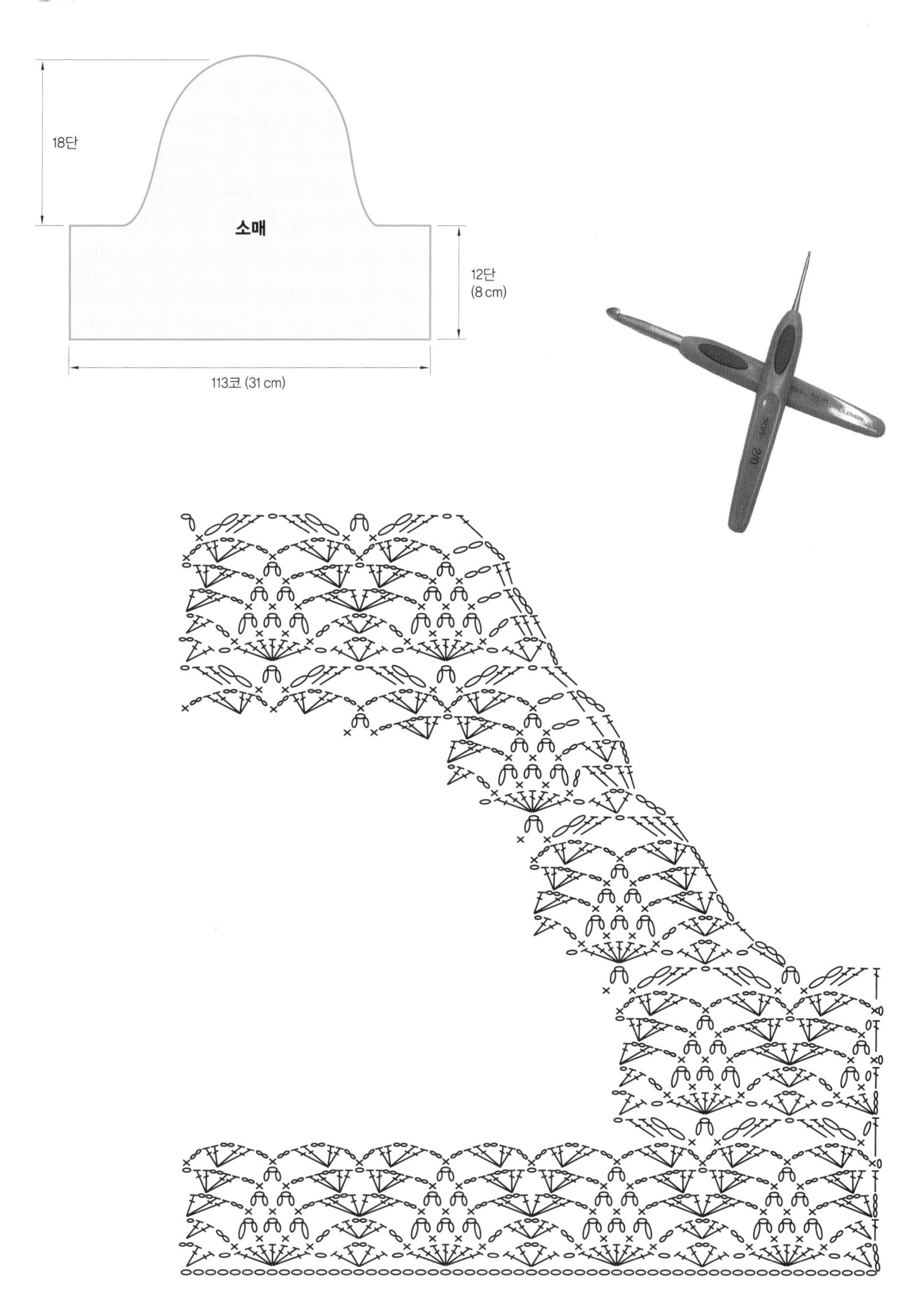

4 Knitting
파란 반짝이 민소매

대바늘로 구멍무늬를 떠서 톱에 받쳐 시원함을 더해준다. 때론 민소매 셔츠만으로, 때론 블라우스 위에 덧입어 조끼처럼 연출할 수 있다.

1. 브이넥 뜨기
2. 밑단은 1코 고무뜨기

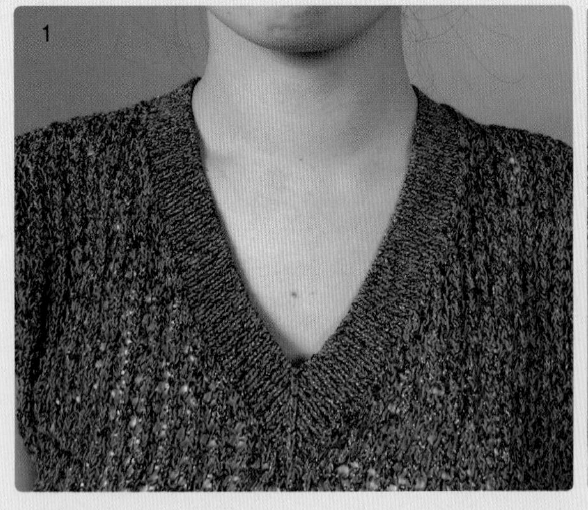

파란 반짝이 민소매

완성 치수

66 size

재료와 도구

실 ...... 파란 카사리, 검정 반짝이사

바늘 ... 2.5mm 대바늘 1set, 3.5 mm 대바늘 1set, 돗바늘

뜨는 방법

❶ 소매단, 목단은 1코 고무뜨기를 3cm 뜬다.

❷ 밑단은 1코 고무뜨기를 7cm 뜬다.

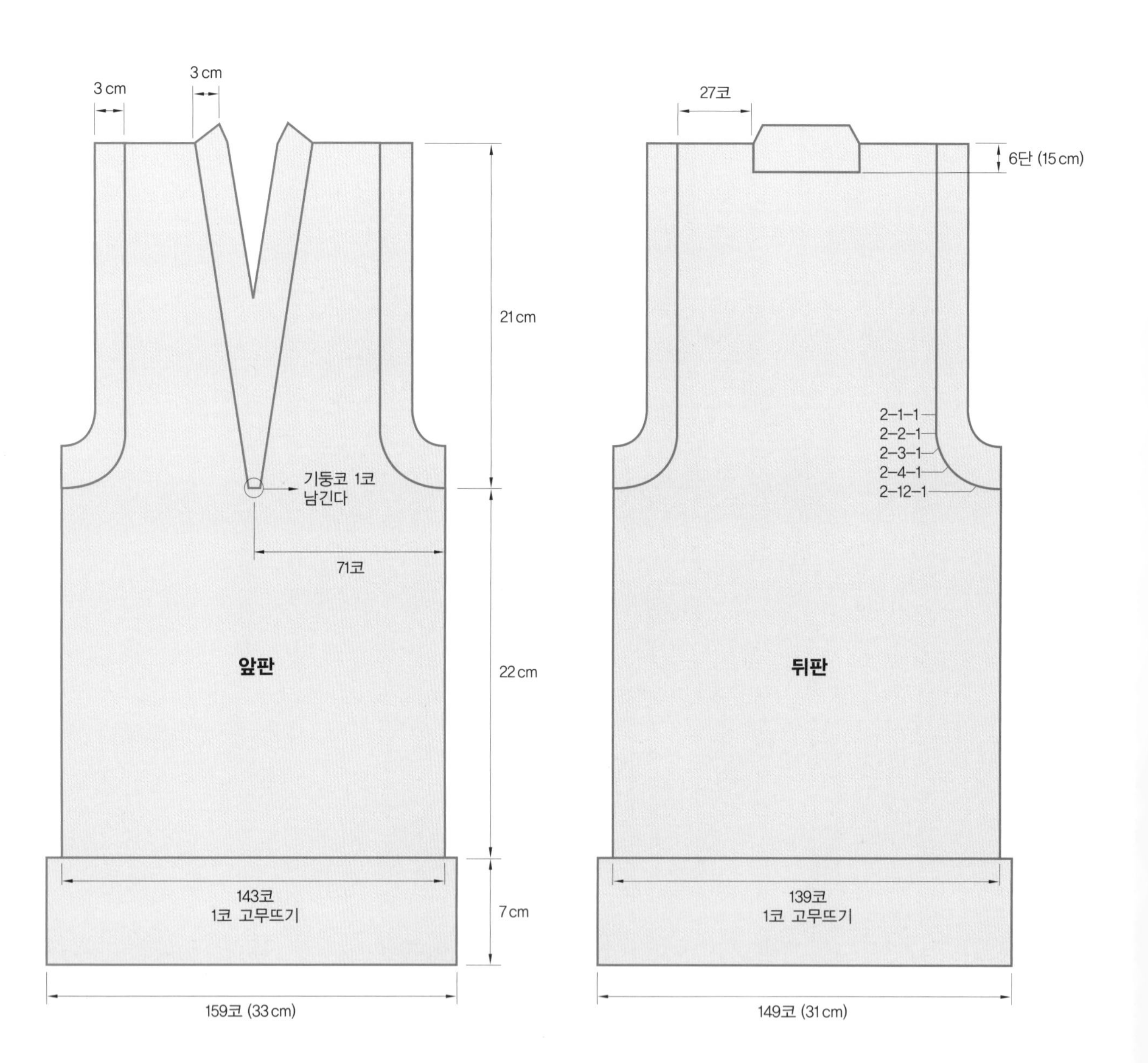

앞판(앞목둘레, 소매둘레)

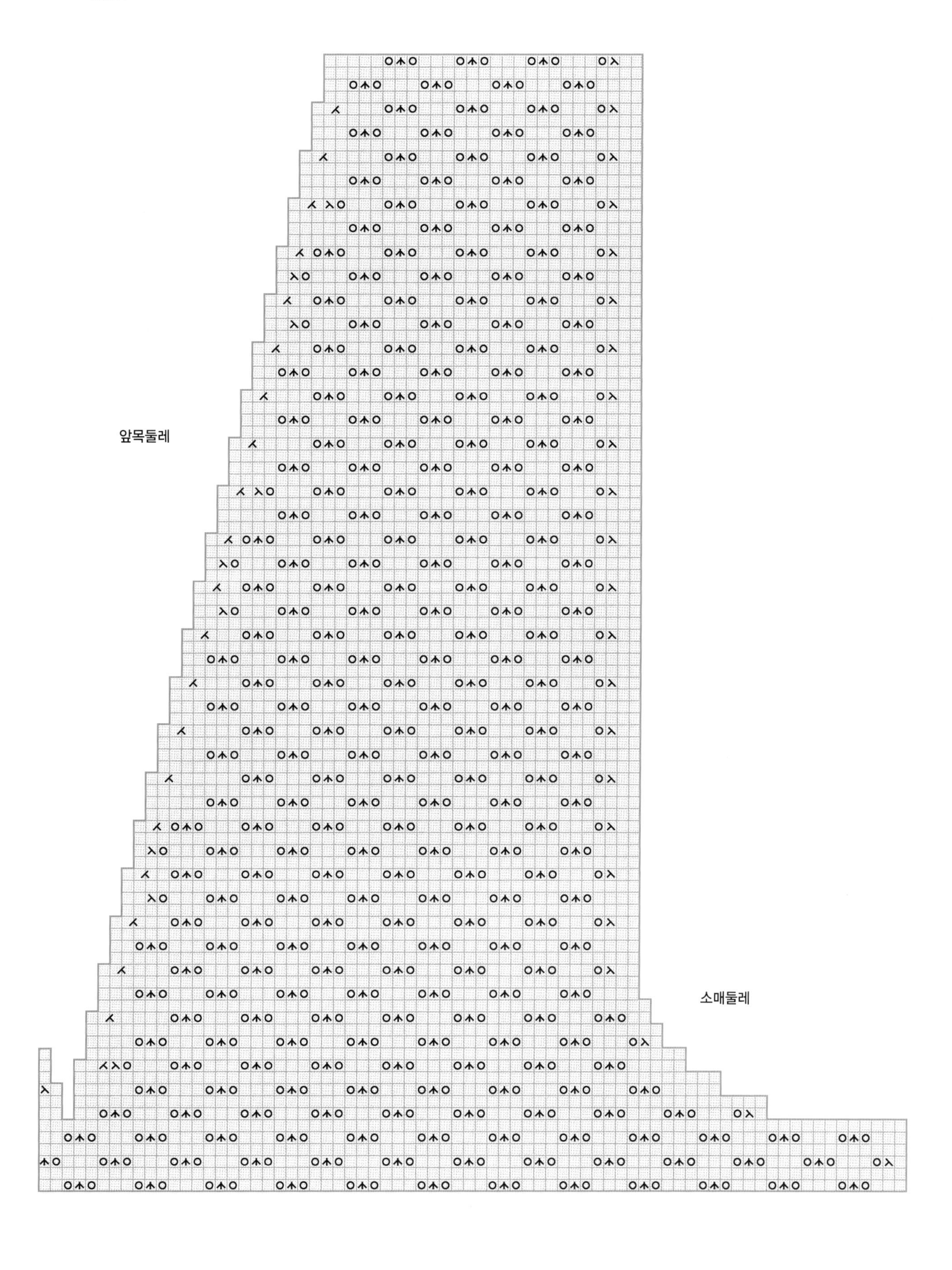

5 Knitting 녹두색 면 반팔티

박스용 티셔츠처럼 헐렁하고 좀 긴듯하게 떠 몸의 결점을 살짝 감춰줄 수 있는 편해 보이는 니트이다. 밋밋하게 입는 것보다 멋진 벨트를 이용해서 코디하면 패션리더가 될 수 있다.

1. 라운드 넥은 코바늘로 벼이랑뜨기
2. 구멍뜨기 몸판 무늬
3. 벨트로 장식된 모습
4. 구멍뜨기 밑단 장식

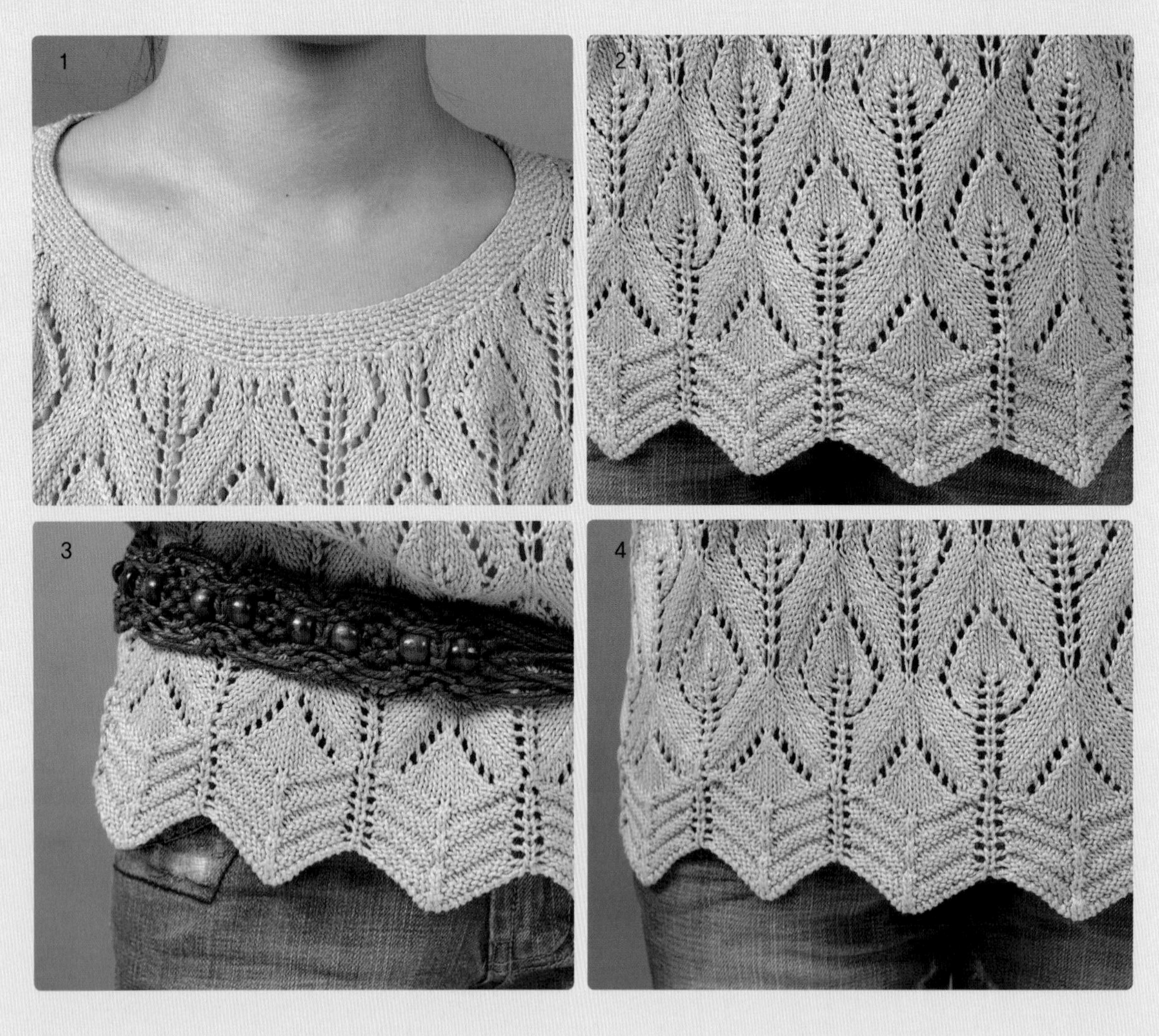

녹두색 면 반팔티

완성 치수

66 size

재료와 도구

실 …… 녹두색 포시즌

바늘 … 3.5mm 대바늘 1set, 돗바늘, 코바늘 3호

뜨는 방법

❶ 고무뜨기 코만들기로 183코를 놓고 단뜨기 15단을 뜬 후 몸판 무늬뜨기한다.

❷ 목단은 코바늘 3호로 벼이랑뜨기 7단 뜬다.

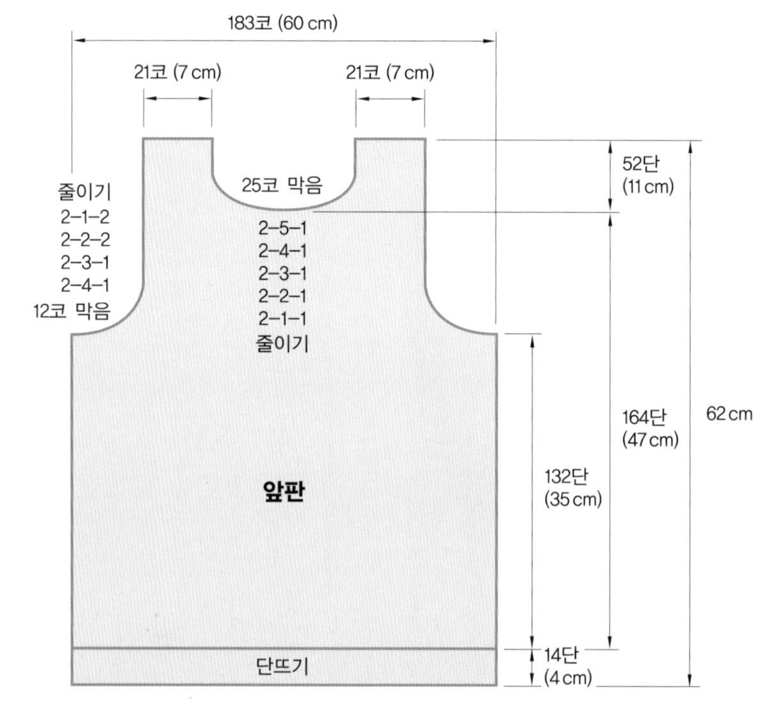

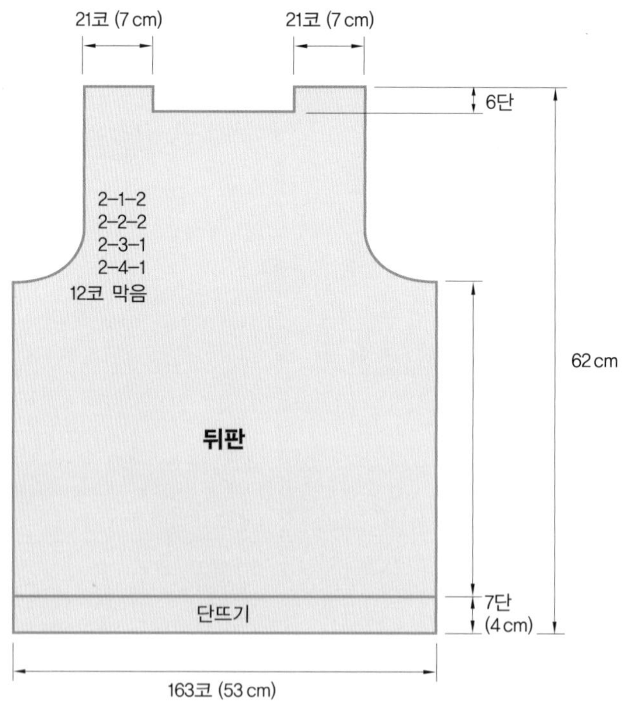

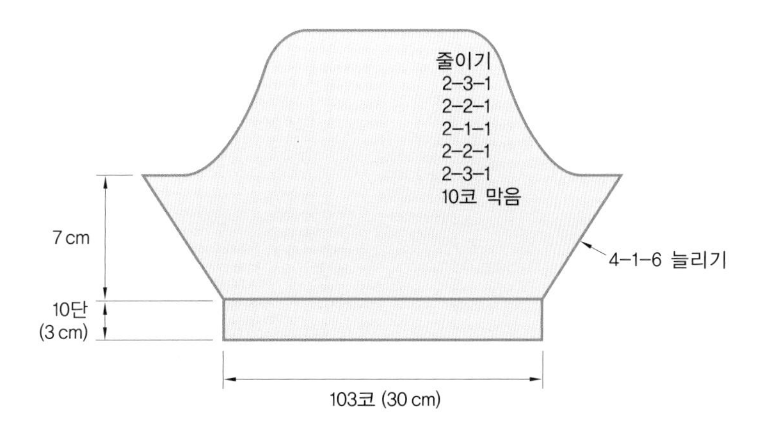
줄이기
2–3–1
2–2–1
2–1–1
2–2–1
2–3–1
10코 막음
4–1–6 늘리기
7 cm
10단
(3 cm)
103코 (30 cm)

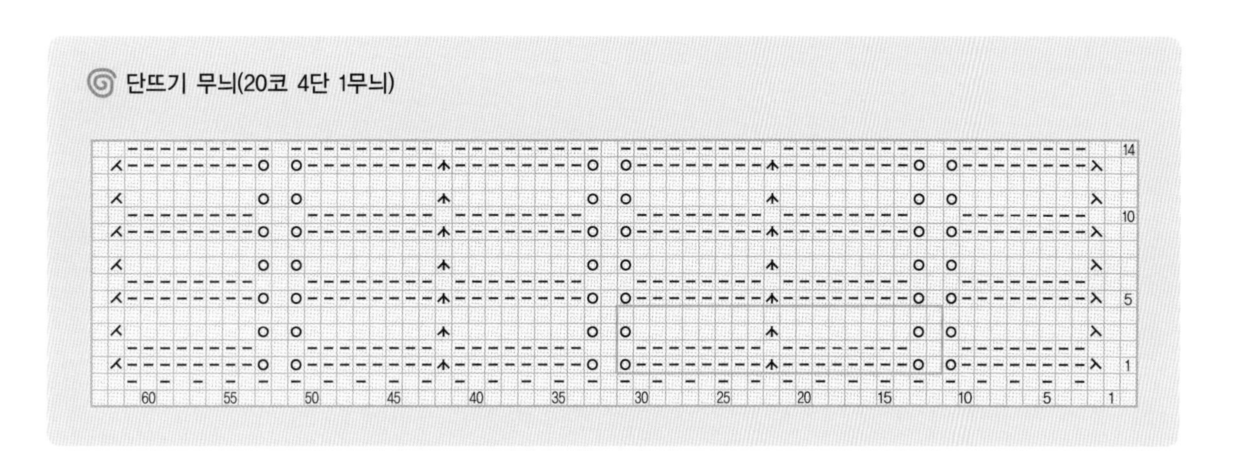
단뜨기 무늬(20코 4단 1무늬)

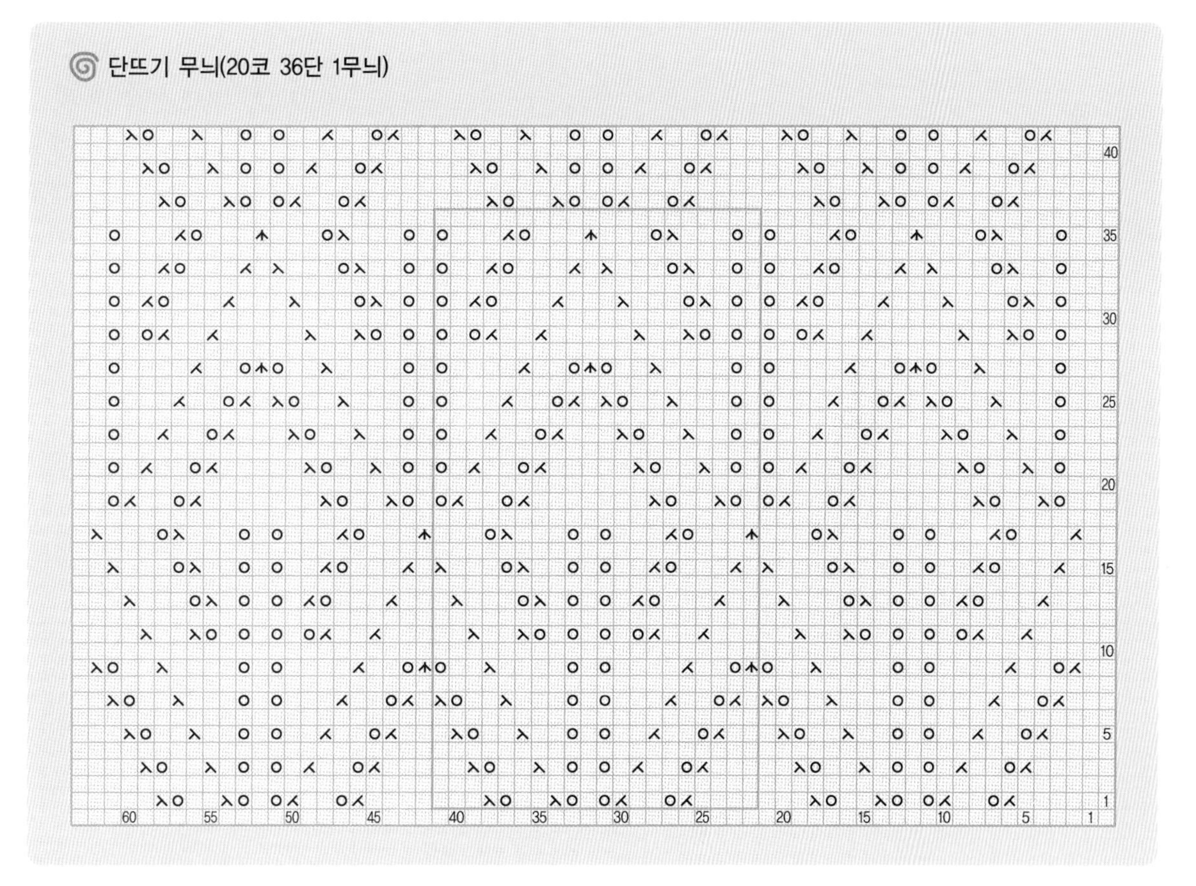
단뜨기 무늬(20코 36단 1무늬)

앞목둘레

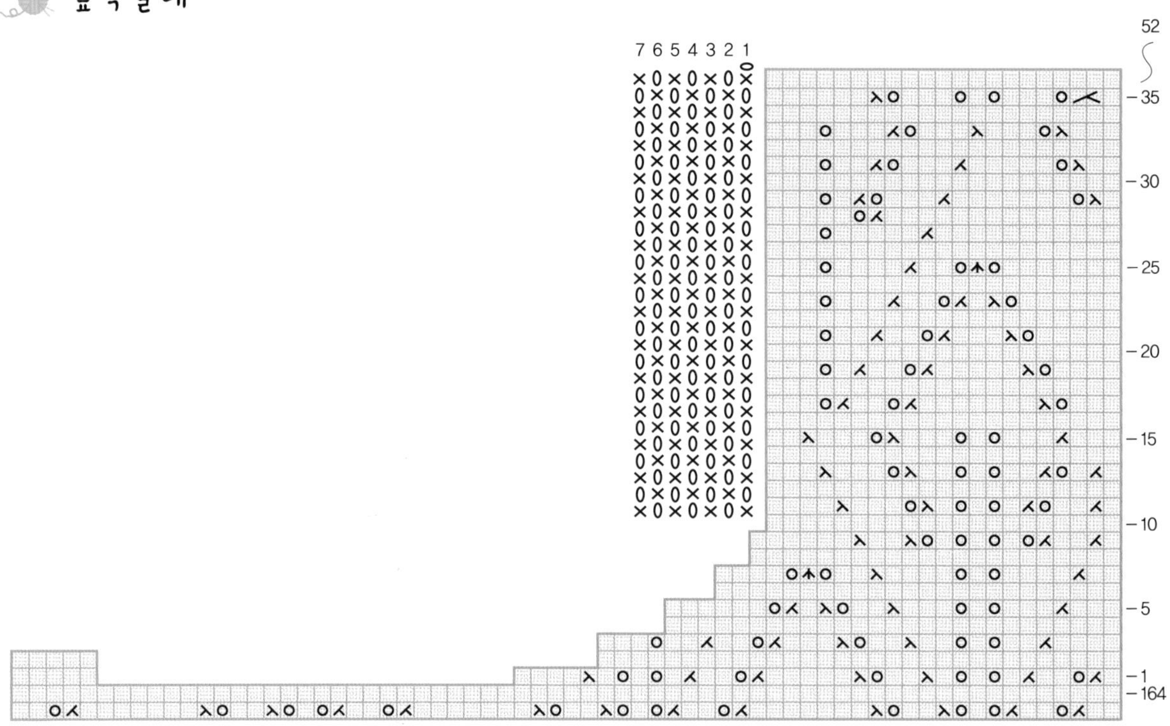

소매둘레

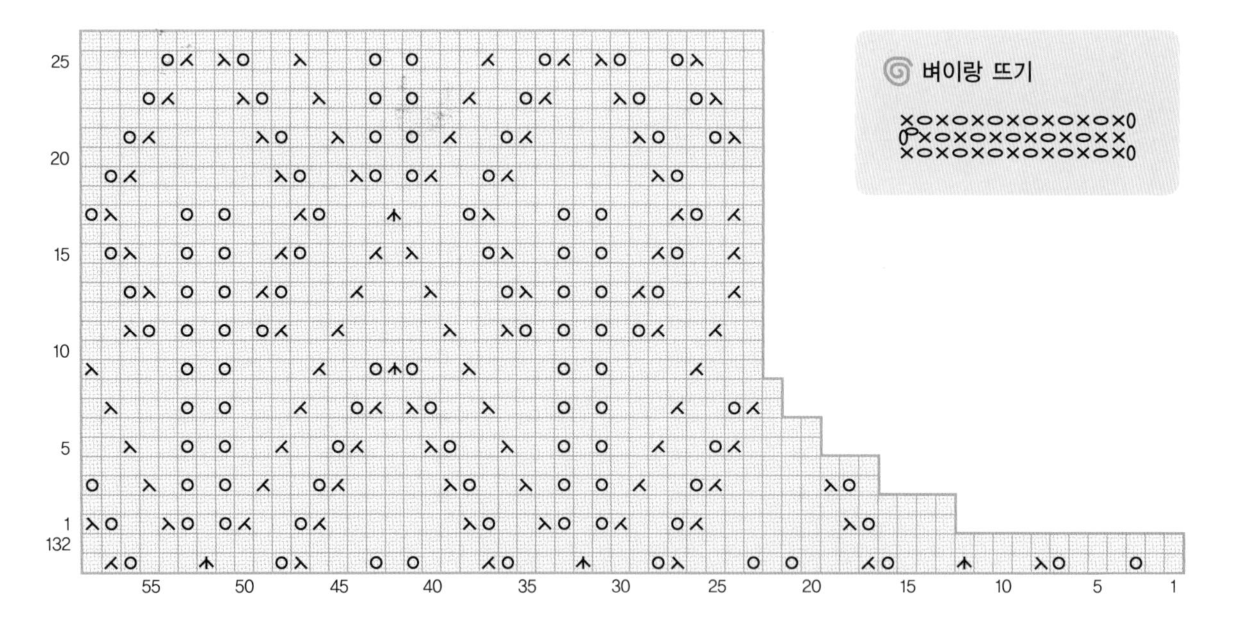

소 매

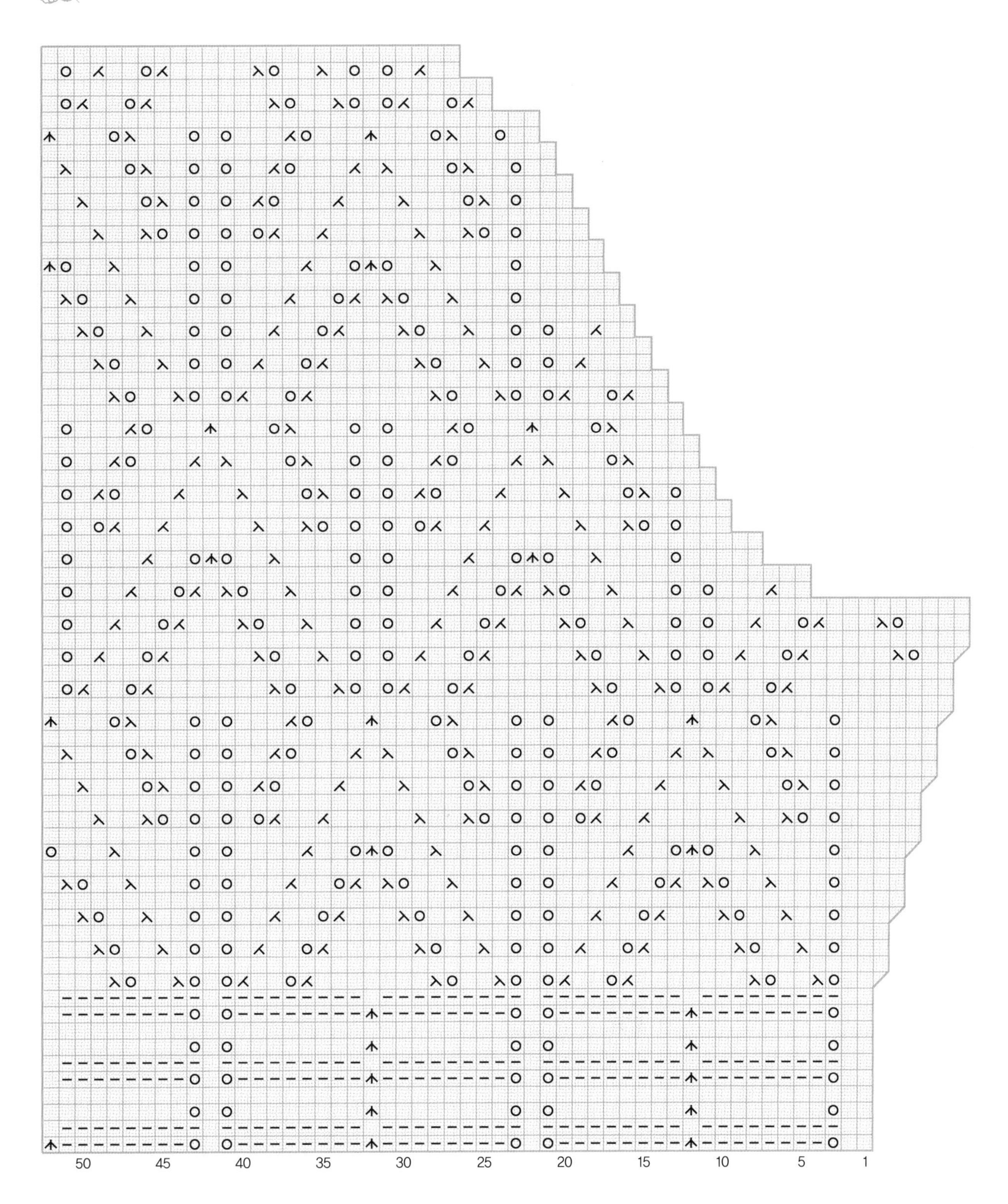

6 Knitting

무지개 티셔츠

옷을 뜨다 남은 실을 적절히 배합하여 티셔츠를 떠 입으면 남과 다른 독특한 나만의 개성이 생긴다. 줄무늬 티셔츠는 발랄하고 귀여워 여행갈 때 청바지와 함께 입으면 그 자체로 멋스럽다.

1. 라운드 목에 앞트임을 주어 입기 편하면서 예쁜 단추를 달아 멋을 더한다.
2. 밑단 구멍뜨기 무늬 장식

무지개 티셔츠

완성 치수

66 size

재료와 도구

실 ······ 오로라사(하늘색, 파랑색, 풀색, 산호색, 분홍색)

바늘 ··· 4mm 대바늘 1set, 돗바늘, 코바늘 3호

뜨는 방법

❶ 하늘색, 분홍색, 풀색, 산호색 순으로 실 색을 바꿔가며 뜨는데 그 경계에 파랑색을 넣어서 뜬다.

❷ 끝단은 역짧은뜨기로 마무리한다.

❸ 목단은 코바늘뜨기하며 마지막 역짧은뜨기를 할 때 단추 구멍을 낸다.

❹ 앞판 163코로 밑단을 뜨고 19단에서 40코를 줄여 123코로 몸판을 뜨고 뒤판 147코로 밑단을 뜨고 19단에서 36코를 줄여 111코로 몸판을 뜬다.

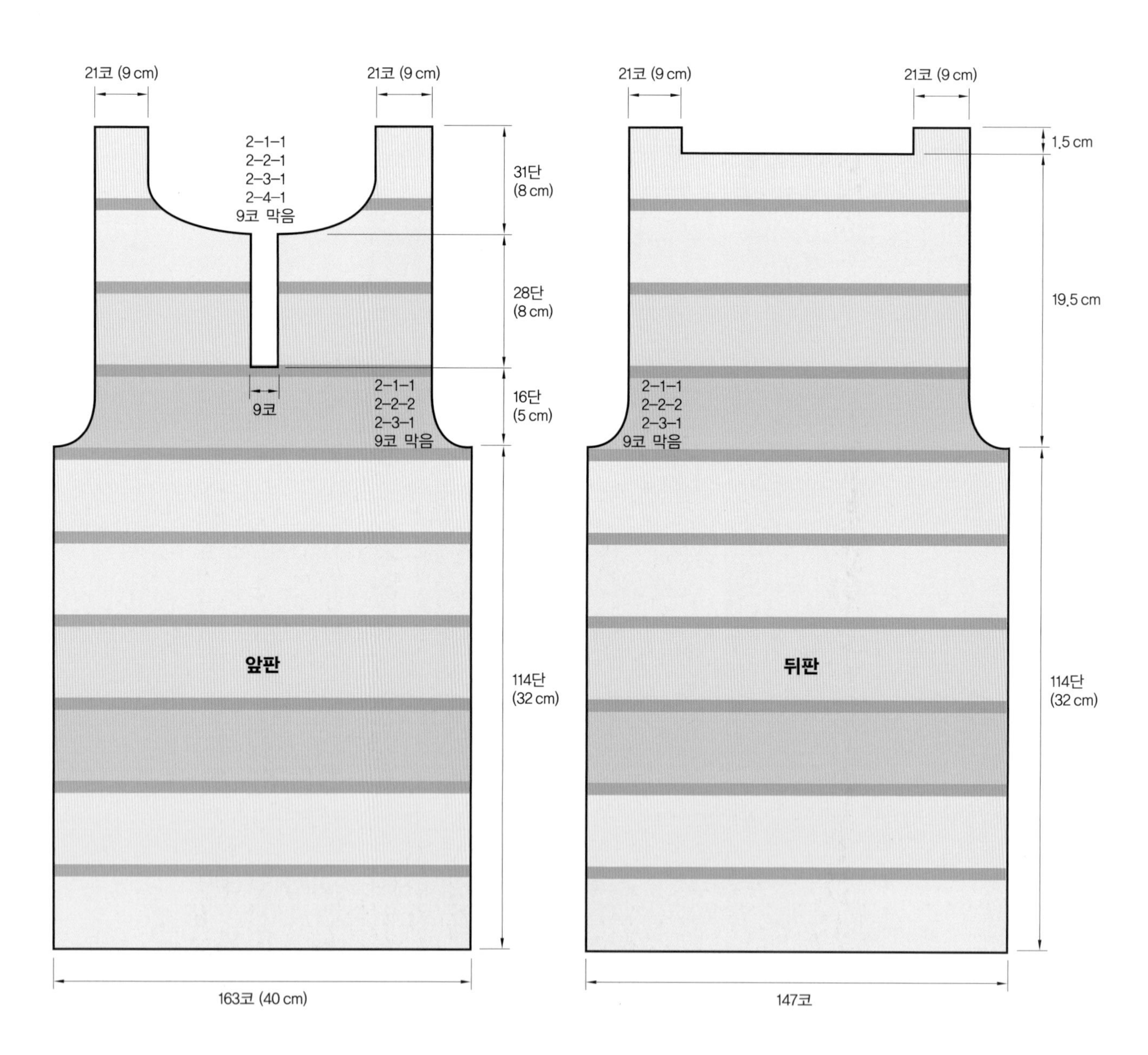

밑단(16코 18단 1무늬)

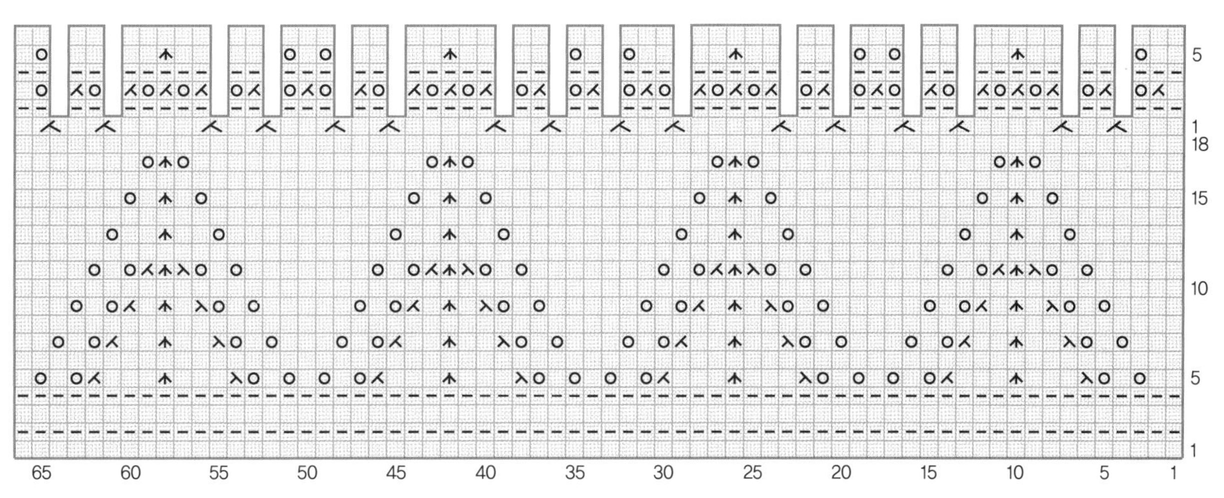

앞목둘레, 소매둘레

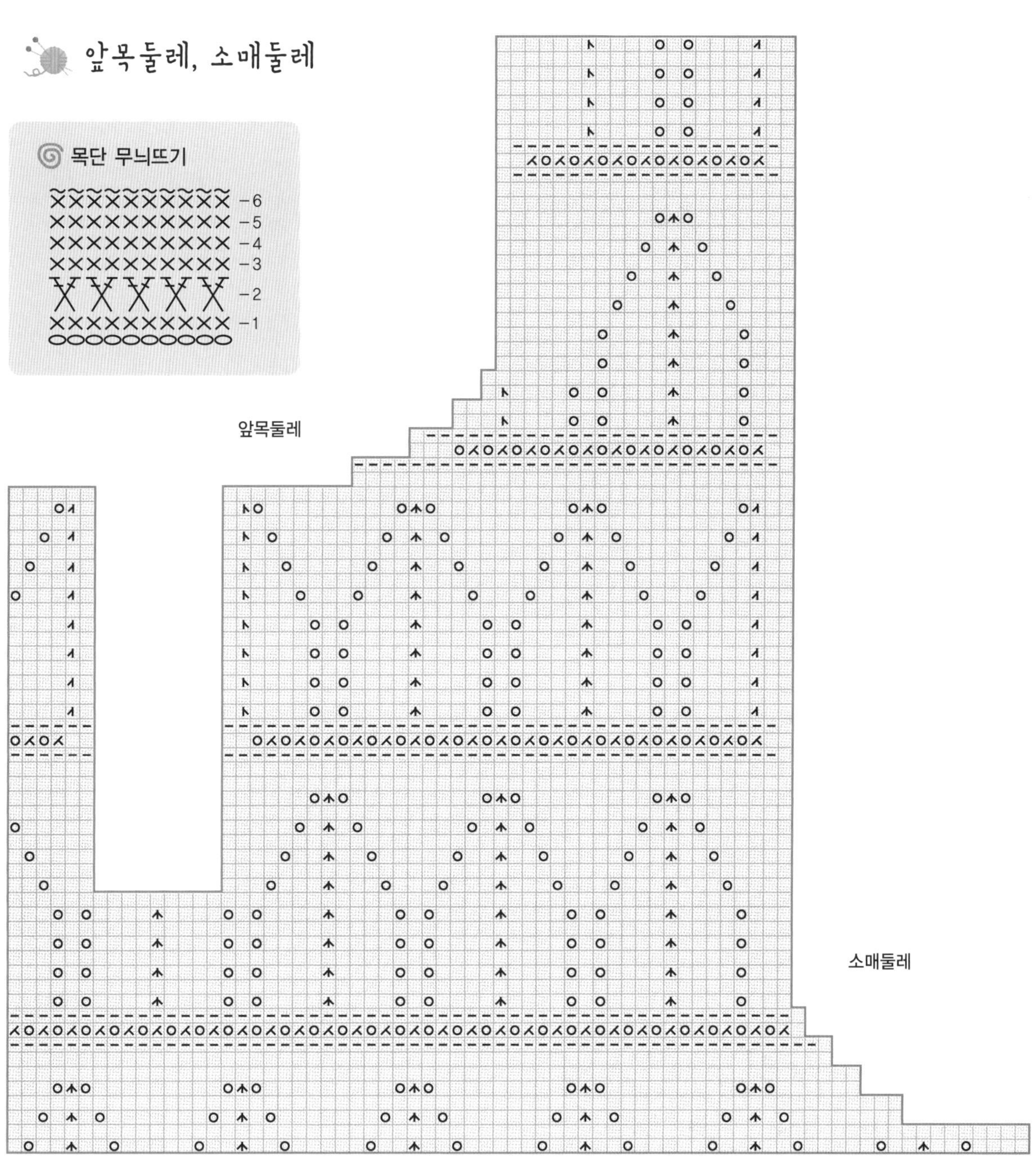

소매

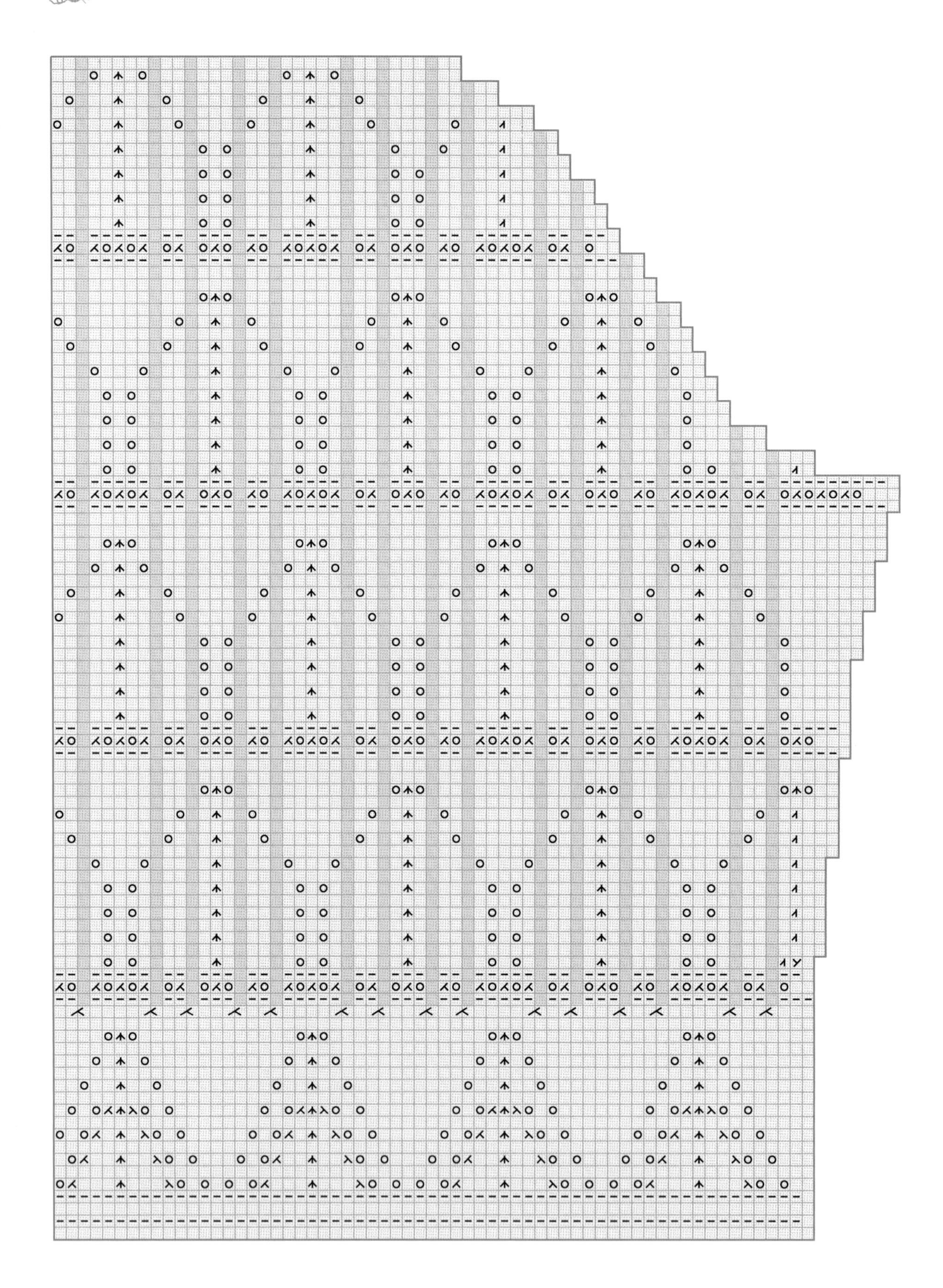

알아 두세요!

멋진 작품을 완성하는 법

자신의 신체 치수에 맞게 게이지 내는 법

❶ 줄자로 가슴둘레, 엉덩이둘레, 어깨너비, 소매길이, 옷길이를 잰다.

❷ 뜨고자하는 무늬를 사방 $10cm^2$로 뜨고 무늬 수에 해당하는 콧수와 단수를 샌다. 코바늘은 스팀 다림질하여 늘어날 것을 감안하기 위해 게이지 뜨기할 때 스팀 다림질한 치수도 잰다.

❸ 줄자로 잰 신체치수에 앞, 뒤판 각각에 4cm씩 여유분을 더한다.

❹ 옷길이와 소매길이는 여유분을 주지 않고 줄자로 잰 치수 그대로 뜬다.

손뜨개를 깔끔하게 마무리하는 법

❶ 소매를 달지 않은 상태에서 단 처리만 한 다음, 뒤집어서 스팀다리미로 가볍게 누르듯 다린다.

❷ 다림질할 때 너무 세게 누르거나 한 곳에 오래 머무르지 않도록 한다. 또한 다리미 온도가 너무 뜨겁지 않게 주의한다.

❸ 소매 뜬 것은 뒤집어서 다린다.

소매 다는 법

❶ 몸판 어깨선과 소매산 중심을 시침핀으로 고정한 후 진동둘레 중심과 소매 중심을 맞대어 코바늘(사슬뜨기 3코한 뒤 빼뜨기한다)로 붙인다.

❷ 코바늘로 소매를 붙이면 다음에 수선할 때 마무리 부분 찾기가 쉽다.

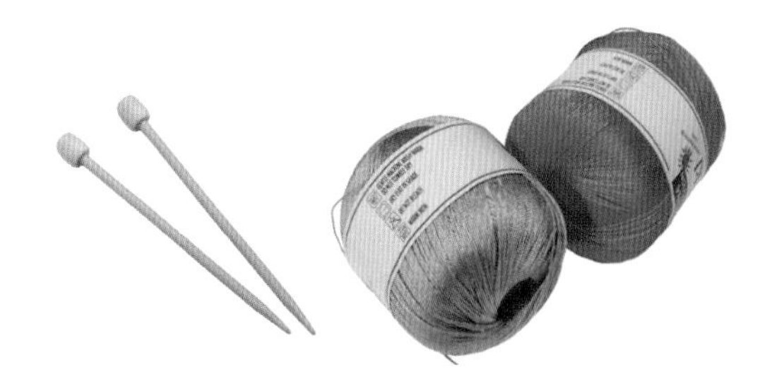

P.a.r.t 3

남성과 어린이용 손뜨개

1_흰색 남성 티셔츠

2_파란색 남성용 셔츠

3_산호색 어린이 슈트

4_빨강색 어린이 원피스

5_노란 어린이 드레스

6_보라색 어린이 옷

1 Knitting

흰색 남성 티셔츠

간단한 무늬뜨기로 시원한 여름을 지낼 티셔츠를 만들어 보았다.
가슴 부분에 작은 주머니를 만들어 단조로움도 없애고 간단한 소품 주머니로 활용할 수 있어 좋다.

1. 라운드 넥에 작은 트임을 주어 장식
2. 작은 소품 주머니 뜨기
3. 소매에 뒷트임을 주어 편하게 한다.
4. 앞 · 뒤판 연결 시 밑부분은 양옆에 트임을 준다.

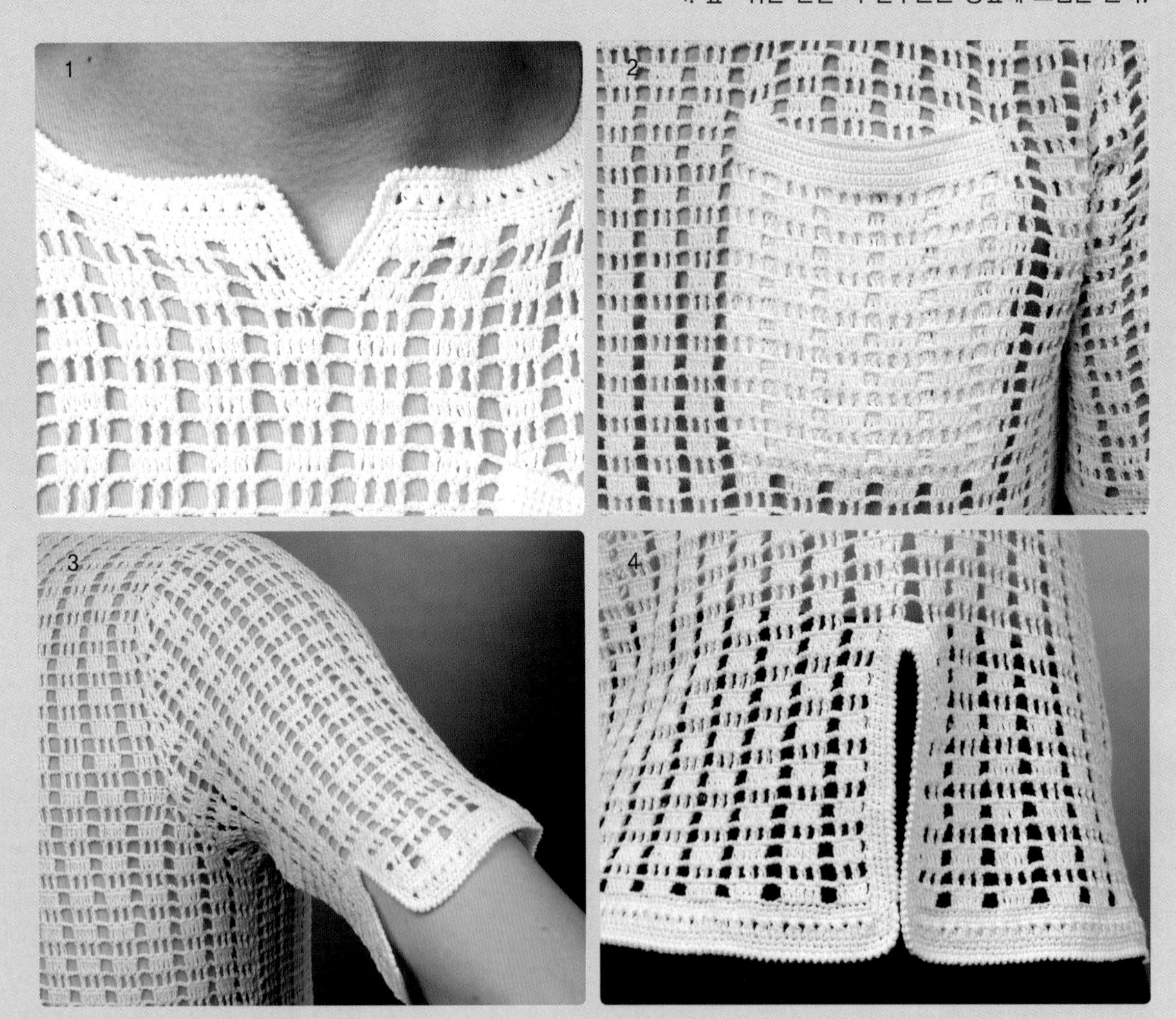

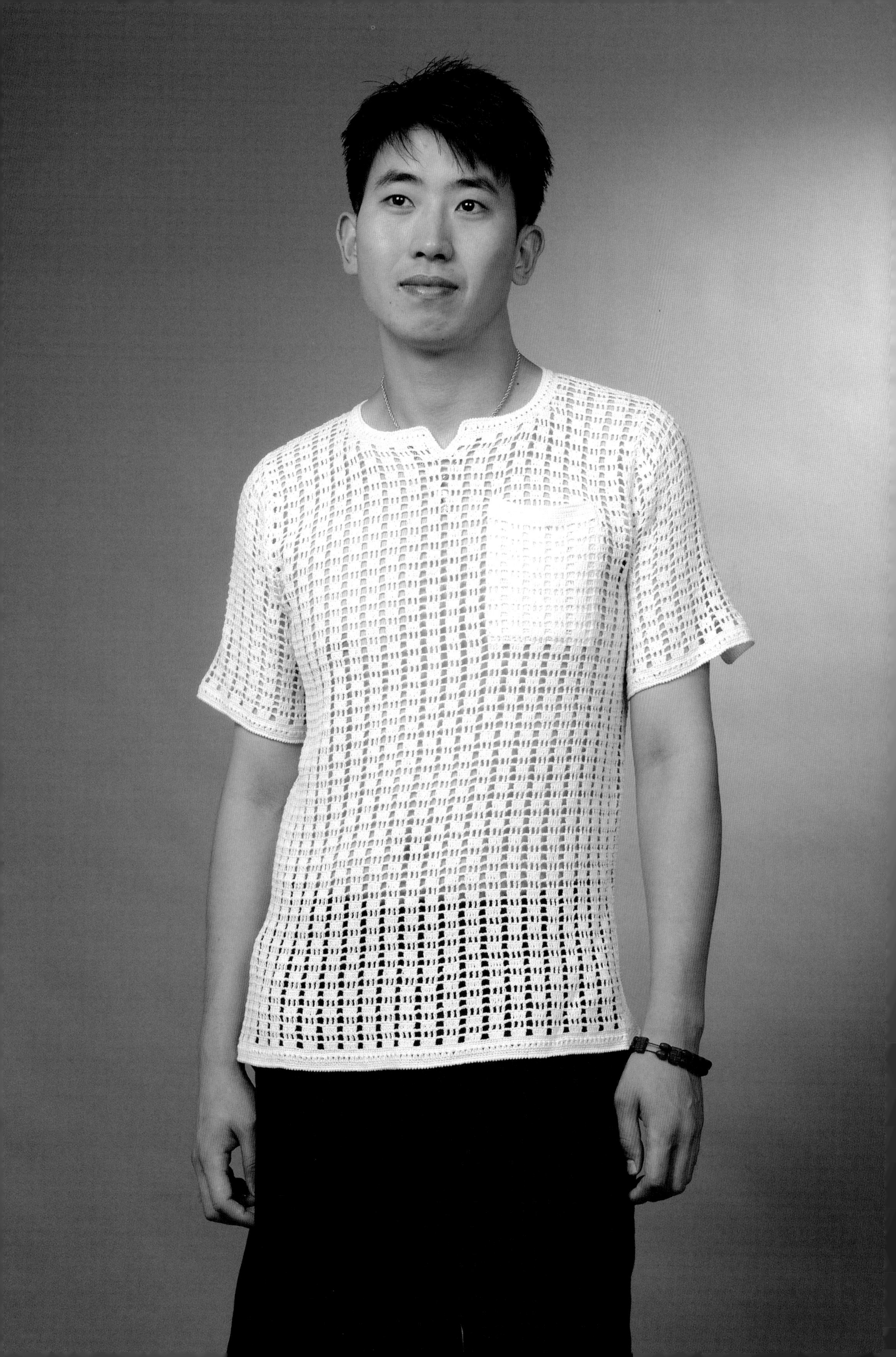

흰색 남성 티셔츠

완성 치수

105 size

재료와 도구

실 …… 흰색 썸머울
바늘 … 코바늘 2호

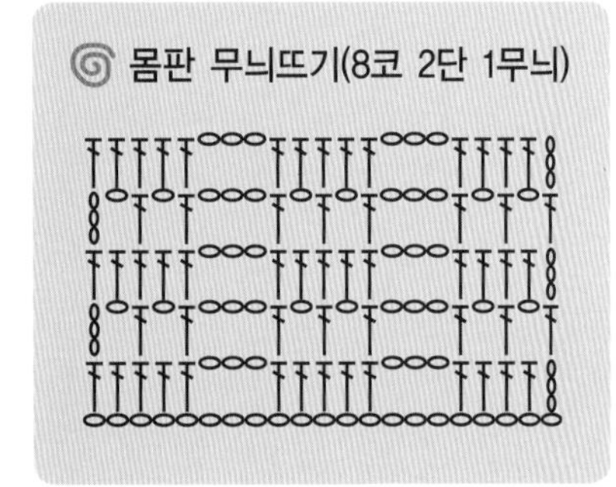

뜨는 방법

❶ 앞판은 사슬 205코를 놓아 무늬뜨기 13단을 뜬 후 오른쪽에 사슬 5코를 만들어 늘려 옆 트임선을 만든다.

❷ 뒤판은 사슬 189코를 놓아 무늬뜨기 13단을 뜬 후 앞판처럼 오른쪽에 사슬 5코를 만들어 늘려 옆 트임선을 만든다.

❸ 앞판은 60단째 사슬 43코를 만들어 이어 주머니 입구를 만든다.

❹ 앞판 목은 68단째 가운데 3코를 남겨 3단을 떠올려 앞 트임을 만든다.

❺ 앞판은 어깨부분을 2단 정도 경사뜨기하고, 뒤판을 1단 정도 경사뜨기한다.

❻ 소매진동은 앞판을 뒤판보다 1단 더 뜬다.

❼ 주머니 안쪽은 긴뜨기로 17단 떠서 붙인다.

❽ 주머니 입구단은 짧은뜨기 7단 후 8단째는 역짧은뜨기로 마무리한다.

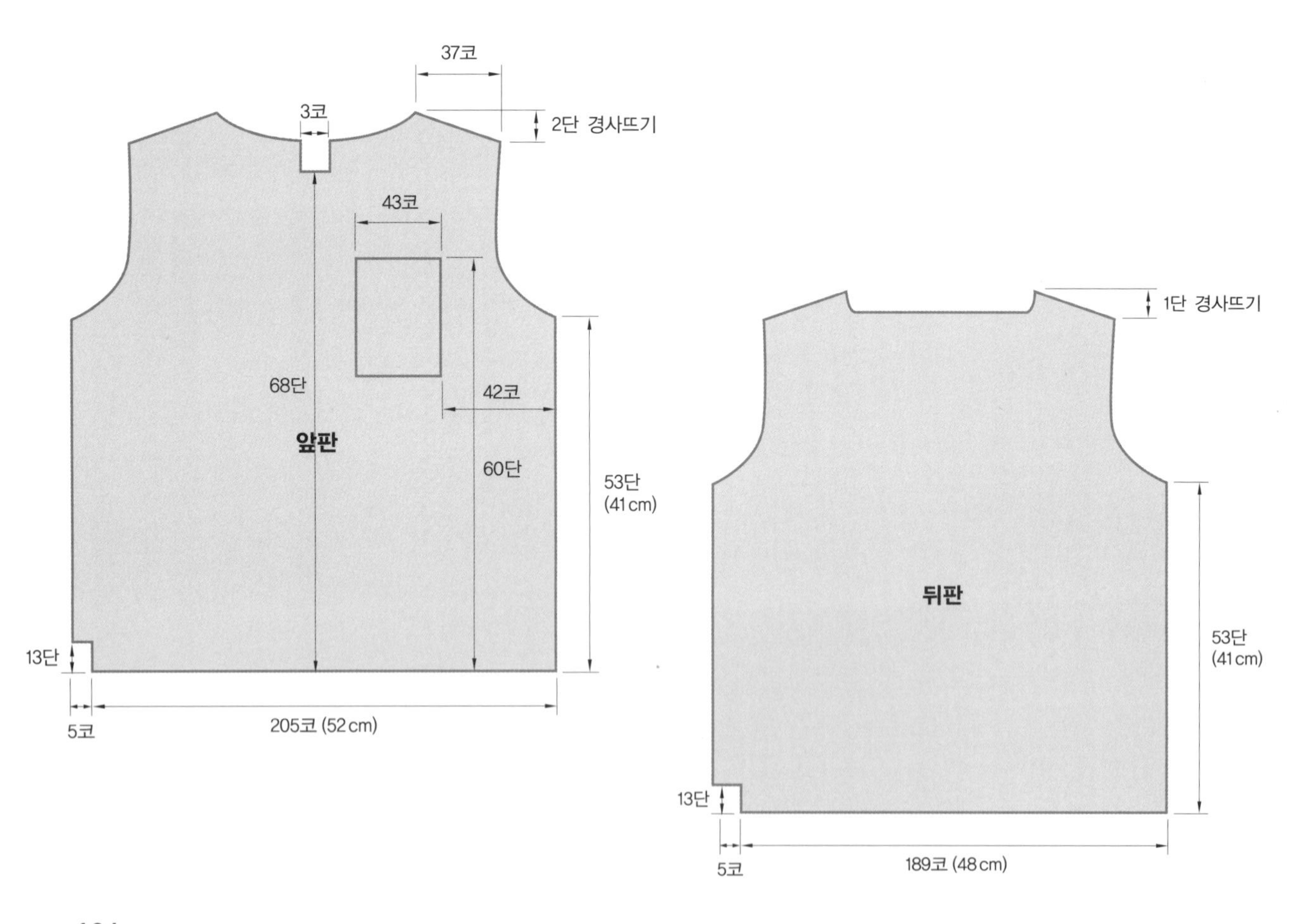

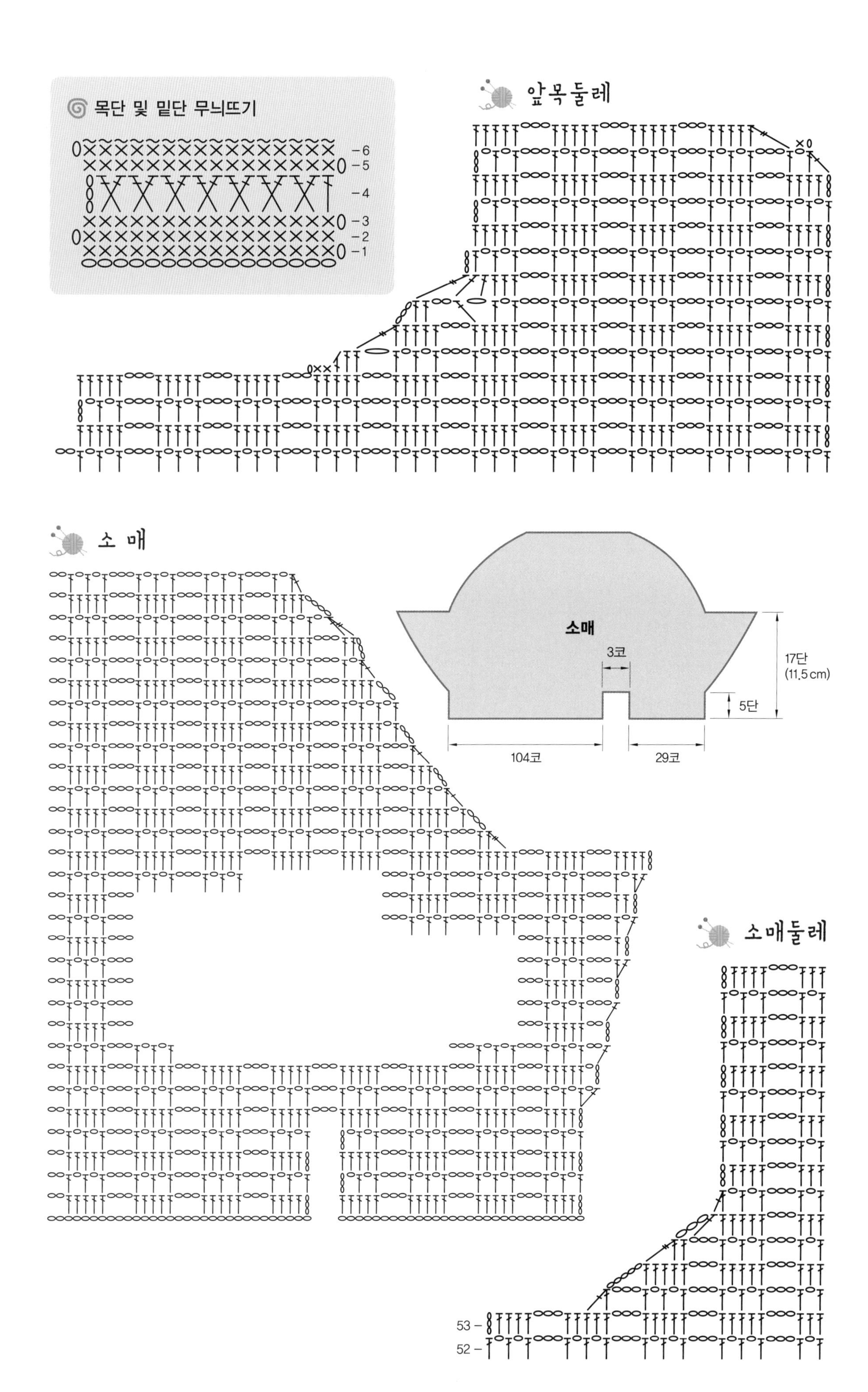
목단 및 밑단 무늬뜨기
-6
-5
-4
-3
-2
-1
앞목둘레
소 매
소매
3코
17단
(11.5cm)
5단
104코
29코
소매둘레
53 -
52 -

2 Knitting

파란색 남성용 셔츠

런닝 위에 셔츠처럼 입어도 되고, 칼라가 있어 속에 흰 셔츠를 받쳐 입어도 되는 남성용 셔츠로, 파란색이 바다를 연상하게 한다.

1. 칼라는 짧은뜨기
2. 소매 밑단은 짧은뜨기 후 되돌아 짧은뜨기로 장식처리
3. 밑단과 앞단 연결해서 짧은뜨기하여 단추구멍을 낸다.
4. 셔츠에는 옆트임을 한다.

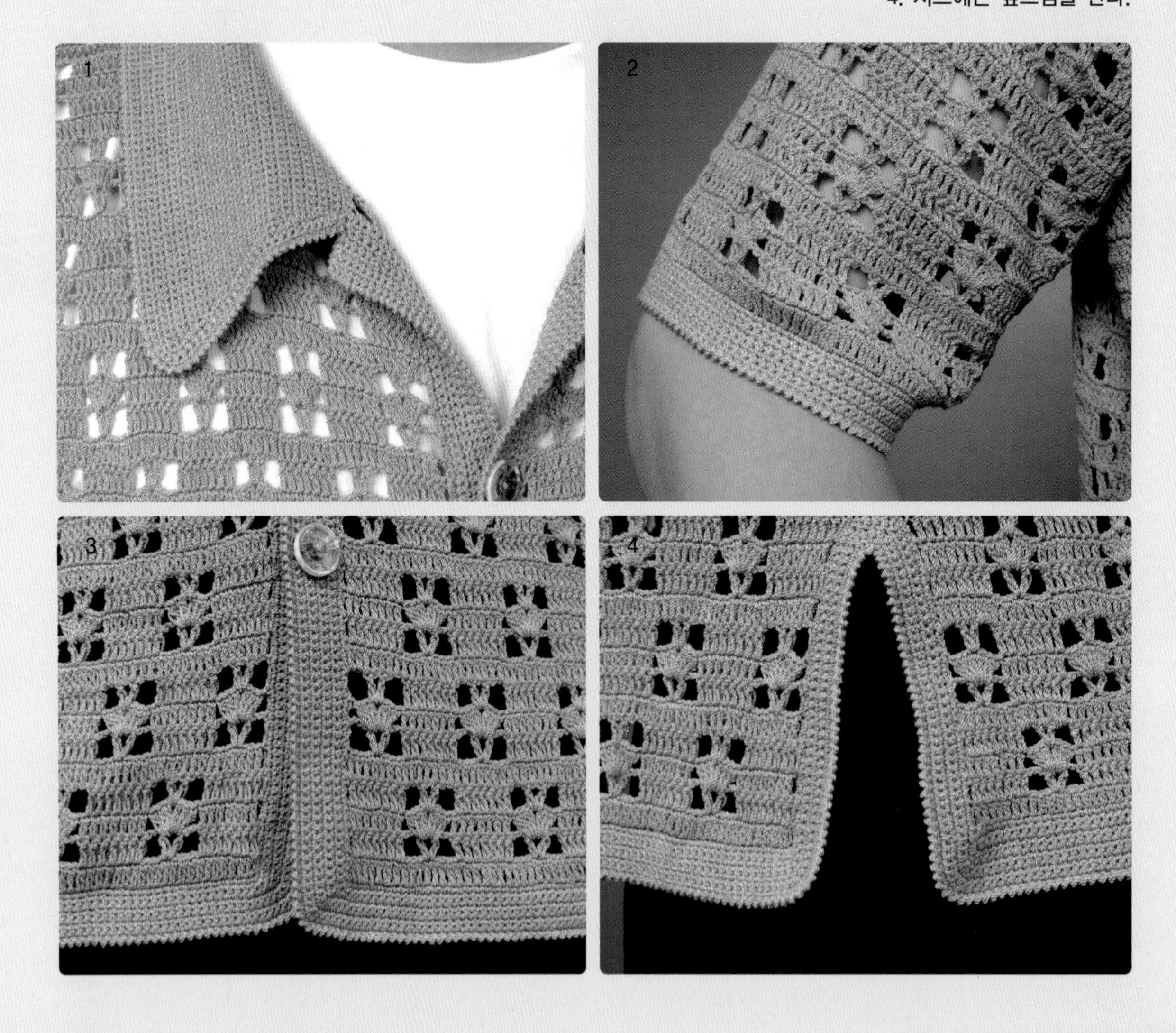

파란색 남성용 셔츠

완성 치수

105 size

재료와 도구

실 ...... 썸머울(파란색)
바늘 ... 코바늘 2호, 돗바늘

뜨는 방법

❶ 뒤판은 177코를 시작코로 해서 12단을 뜬 후 오른쪽으로 사슬 5코를 늘린 다음 33단을 더 뜬다.

❷ 전체 길이 46단째부터 소매둘레를 만들며 25단을 더 뜬 후 어깨 경사뜨기를 한다.

❸ 뒷목은 어깨부분 36코를 경사뜨기로 한다.

❹ 앞목둘레는 65단째부터 만든다.

❺ 소매는 105코로 시작해서 2단 1코 늘리기 6회한다.

❻ 앞단과 밑단은 전체를 짧은뜨기 9단, 되돌아뜨기 1단으로 마무리한다.

❼ 단추구멍은 짧은뜨기 4단 후 5단째 짧은뜨기 뜨면서 사슬 5코씩 만들어 건너뜨기해서 단추구멍을 만든다.

❽ 칼라는 158코를 시작코로 37단 뜨는데 매 단마다 양옆으로 1코씩 늘려주고 그림처럼 칼라 달 곳을 제외한 삼면을 짧은뜨기 3단 뜨고 되돌아뜨기 1단으로 마무리한다.

❾ 소매단은 짧은뜨기 7단 후 되돌아뜨기 1단으로 마무리한다.

❿ 앞판 오른쪽, 왼쪽 시작코는 93코로 하고 왼쪽은 12단을 뜬 후 13단째 사슬 5코를 늘려 뜬다.

⓫ 몸판 붙일 때는 옆에 사슬 5코를 늘린 곳을 늘리지 않은 쪽에 마주오게 붙인다. 이는 단을 뜰 때 옆솔기 곡선이 자연스럽게 보이기 위함이다.

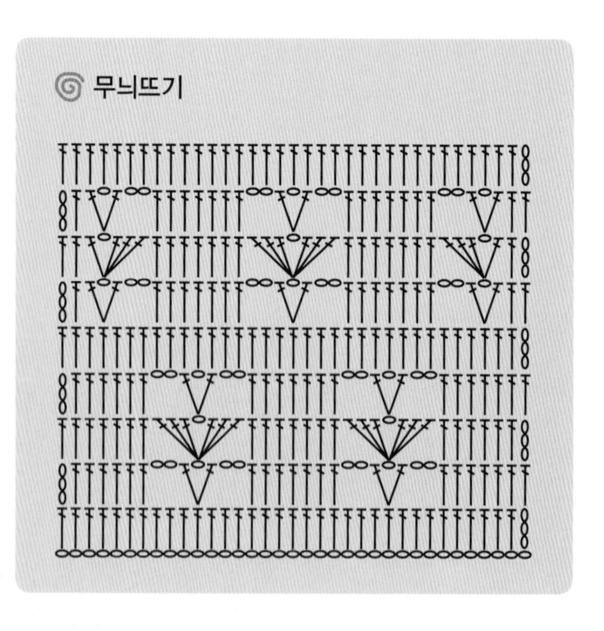

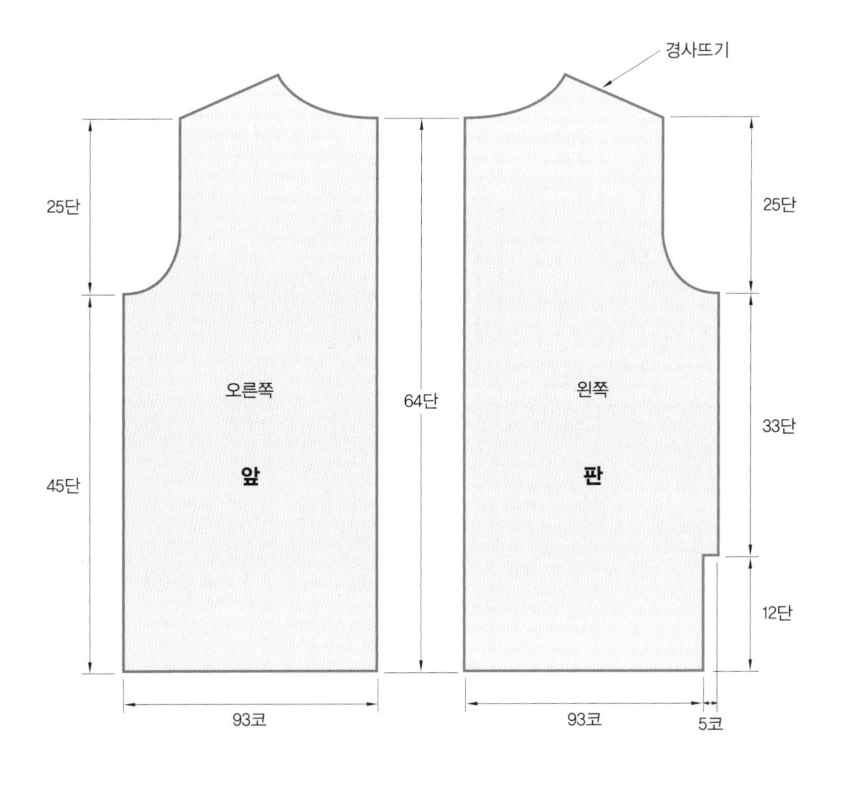
경사뜨기
25단
45단
오른쪽
앞
64단
왼쪽
판
25단
33단
12단
93코
93코
5코

3단
칼라
158코
3단
3단
37단

칼라

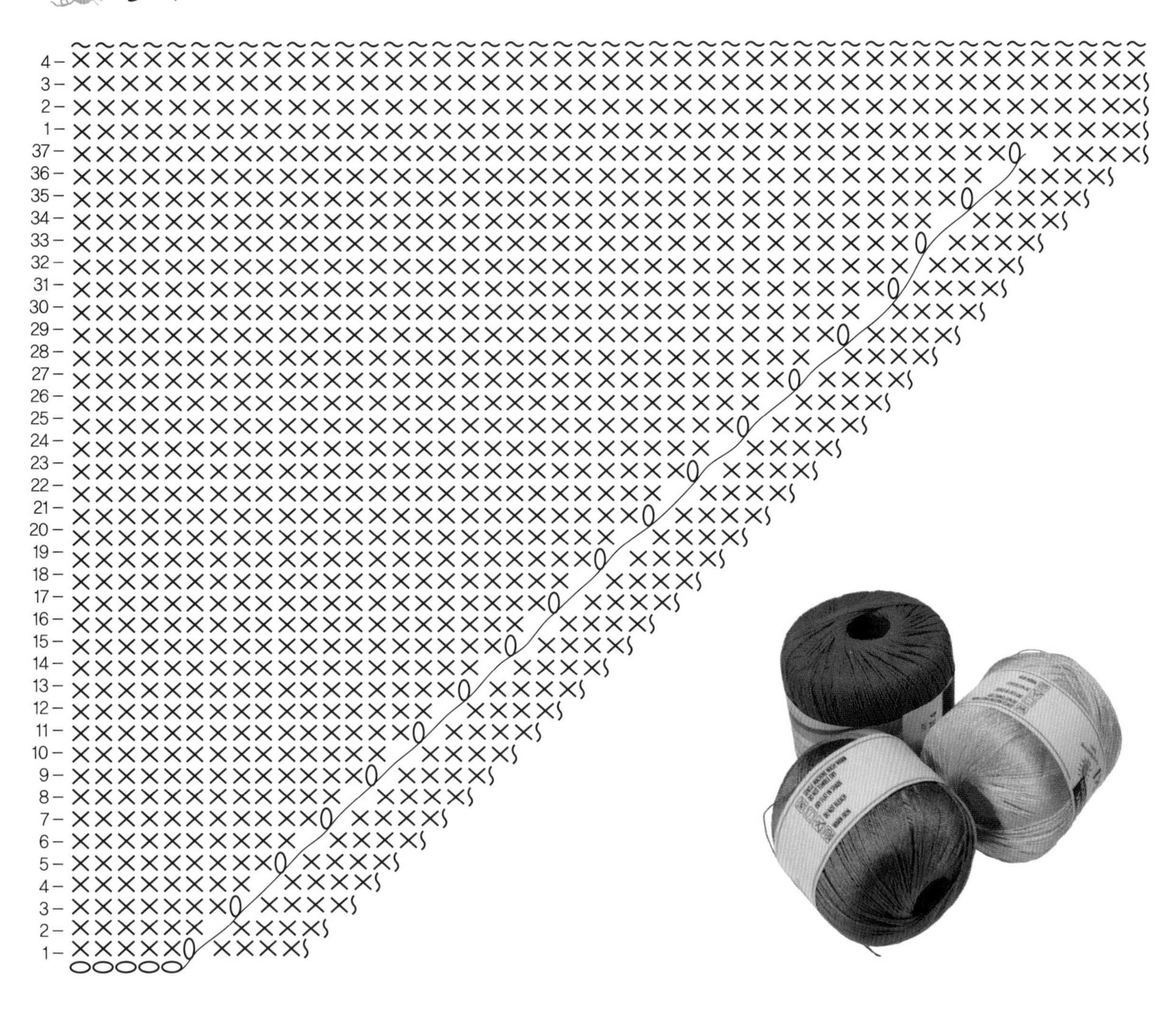

앞목둘레, 왼쪽 소매둘레

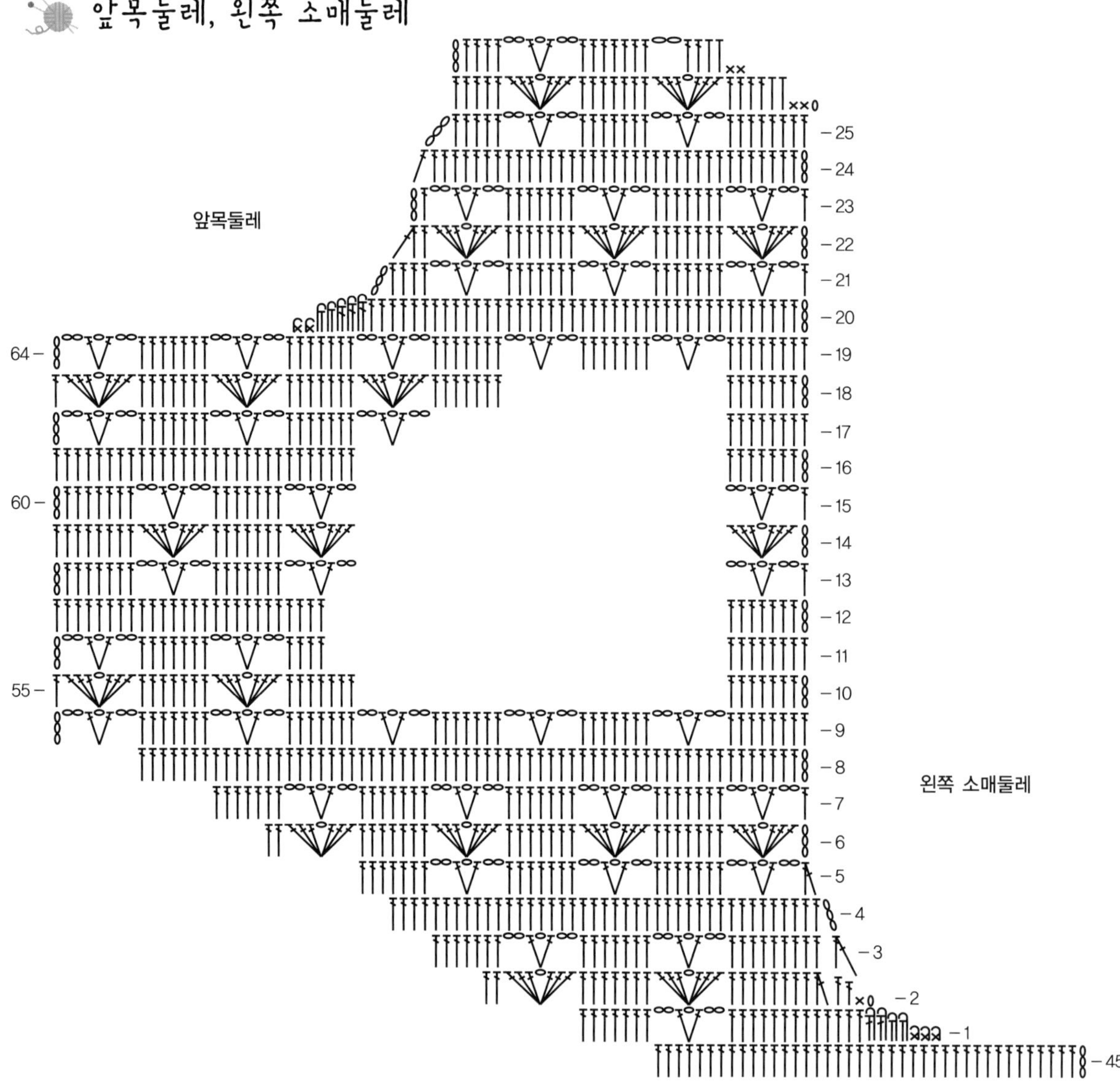

오른쪽 소매둘레

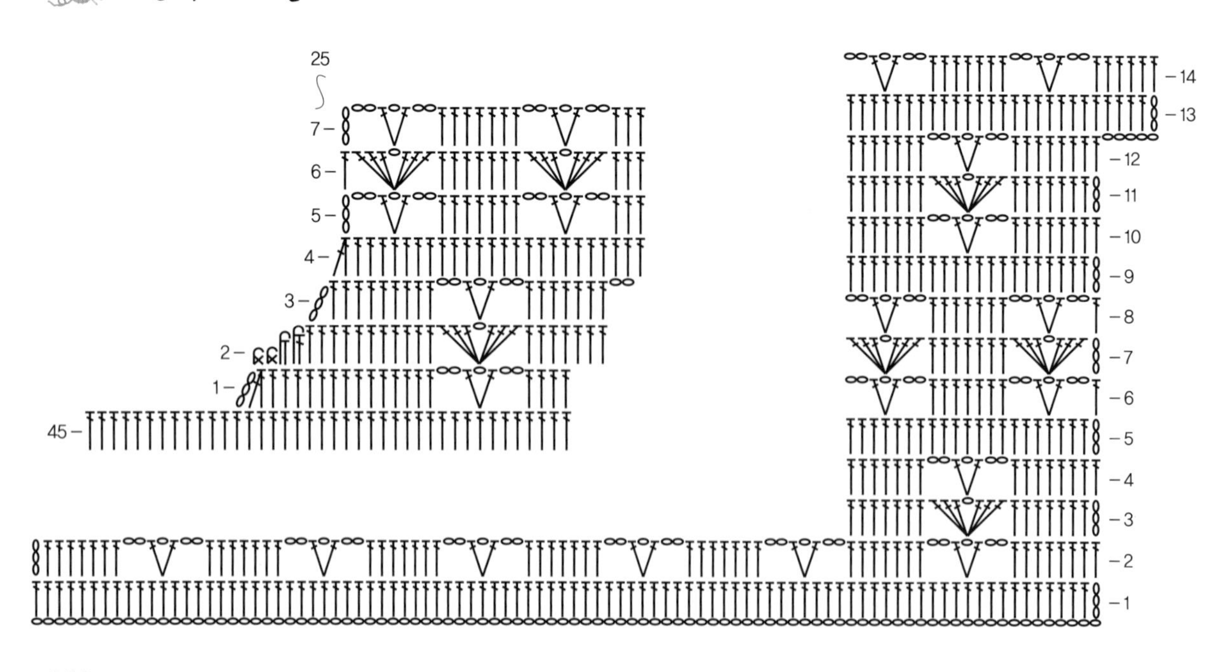

소 매

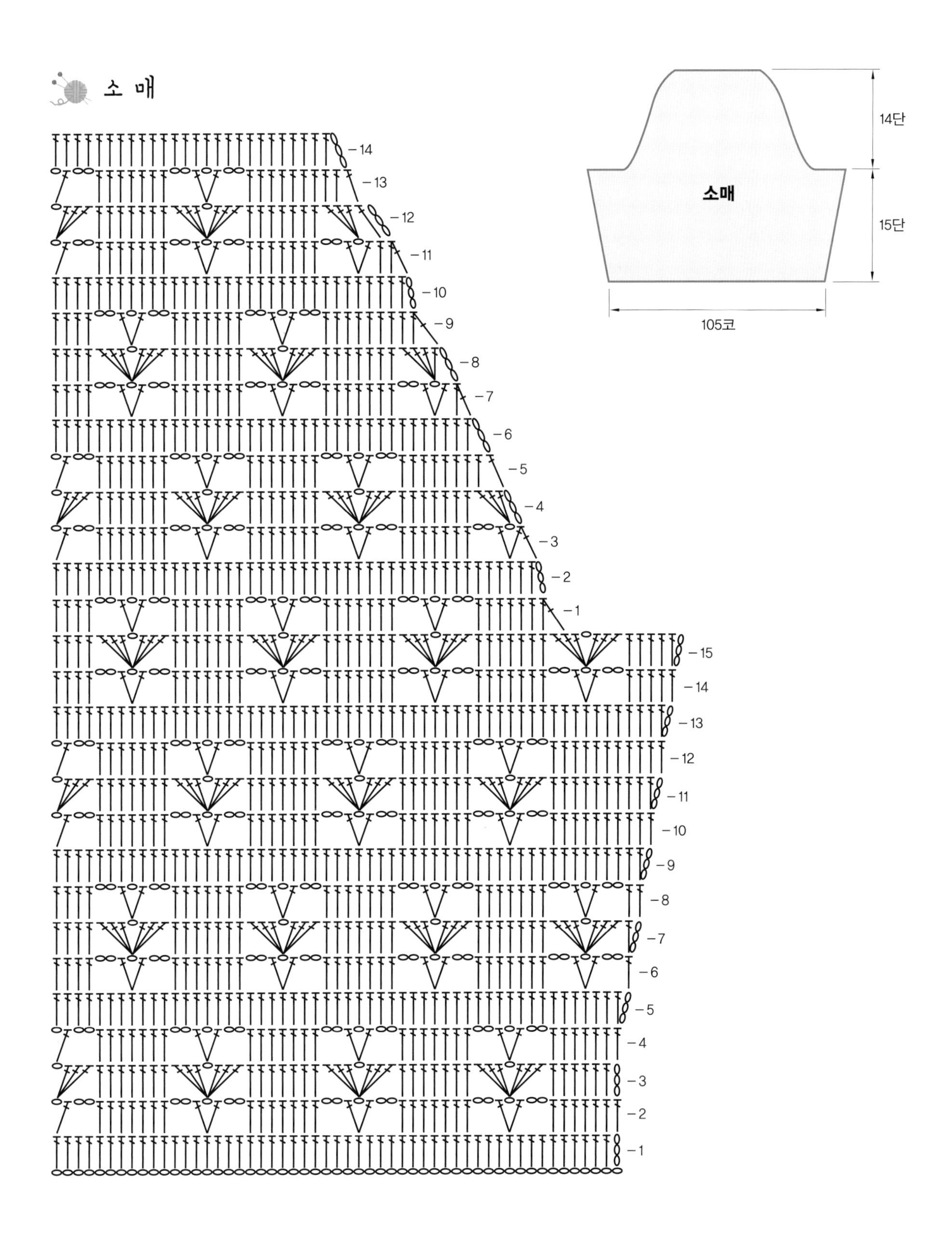

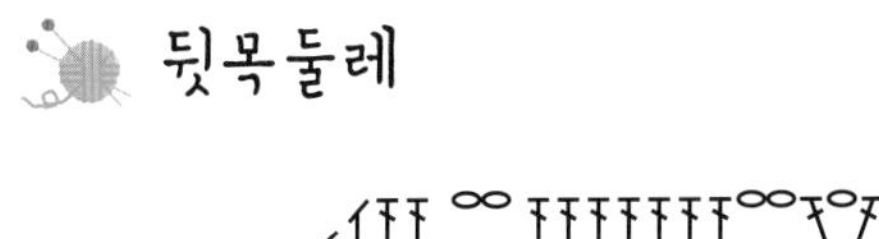

뒷목둘레

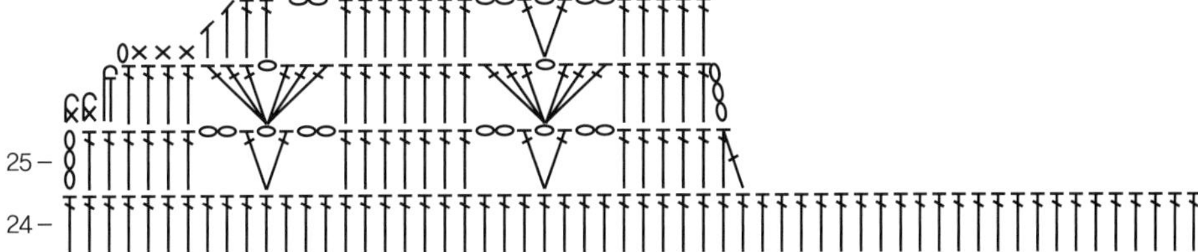

3 Knitting
산호색 어린이 슈트

신축성 있는 소재로 슈트를 떠서 어린이들이 입고 활동하기에 편하다.
흰옷 위에 슈트를 입어 오염물이 흰옷에 물들지 않게 하는데 조금은 도움이 될 듯하다.

1. 라운드 넥 부분
2. 밑단 장식뜨기

산호색 어린이 슈트

완성치수

8~9세

재료와 도구

실 ...... 오로라사(산호색+금사)
바늘 ··· 코바늘 3호

뜨는 방법

❶ 바탕코는 240코(무늬 48개)를 시작코로 해서 원통뜨기한다.

❷ 허리를 중심으로 위 · 아래 방향으로 뜬다.

❸ 윗부분 24단 뜨고 25단째 반으로 나누어 앞 · 뒤판을 나눈다.

❹ 허리끈은 새우뜨기로 85cm 뜬다.

❺ 목과 소매단은 짧은뜨기로 2단 정도 뜬 후 마지막단은 되돌아뜨기로 마무리한다.

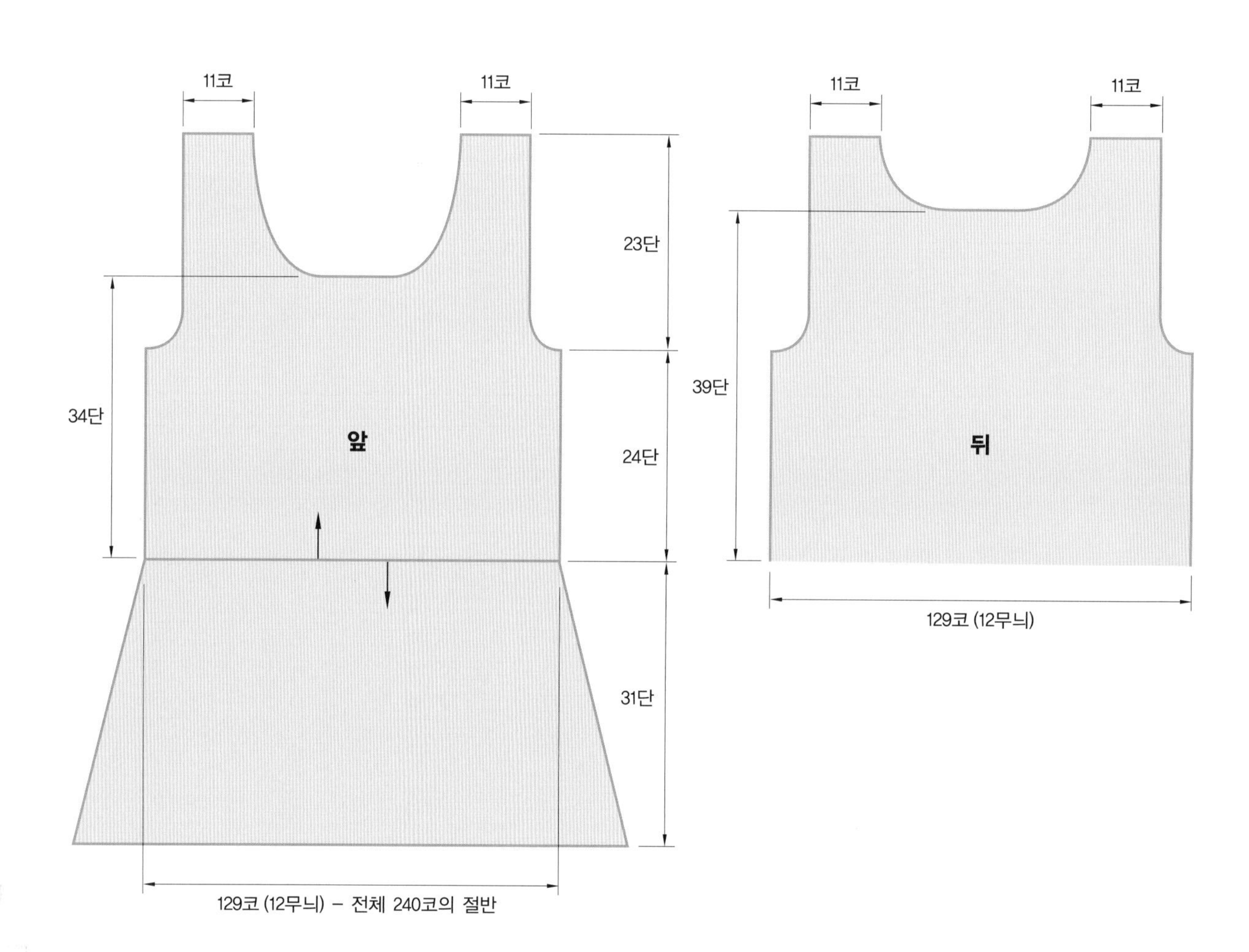

앞목둘레, 소매둘레, 뒷목둘레

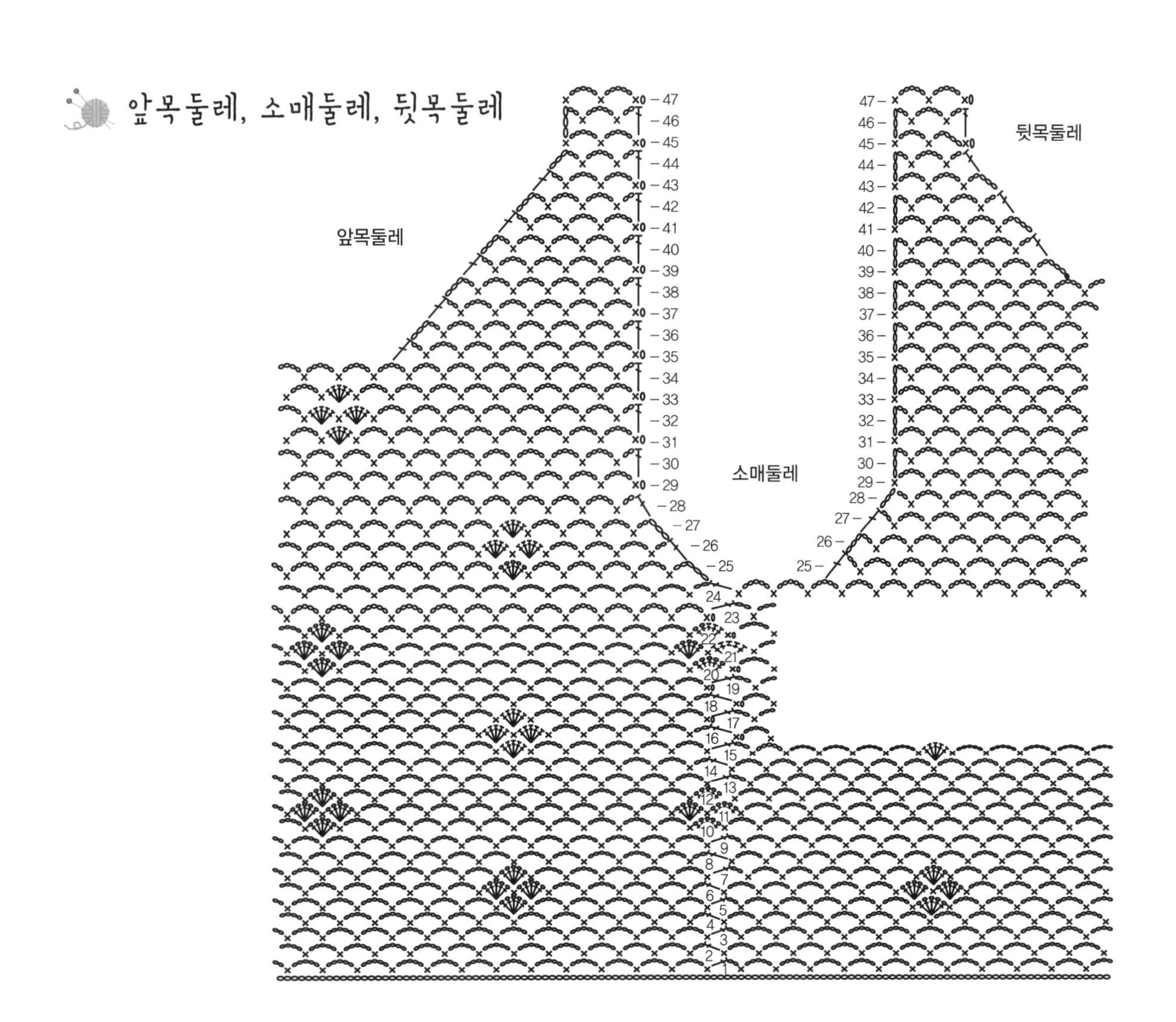

아랫부분

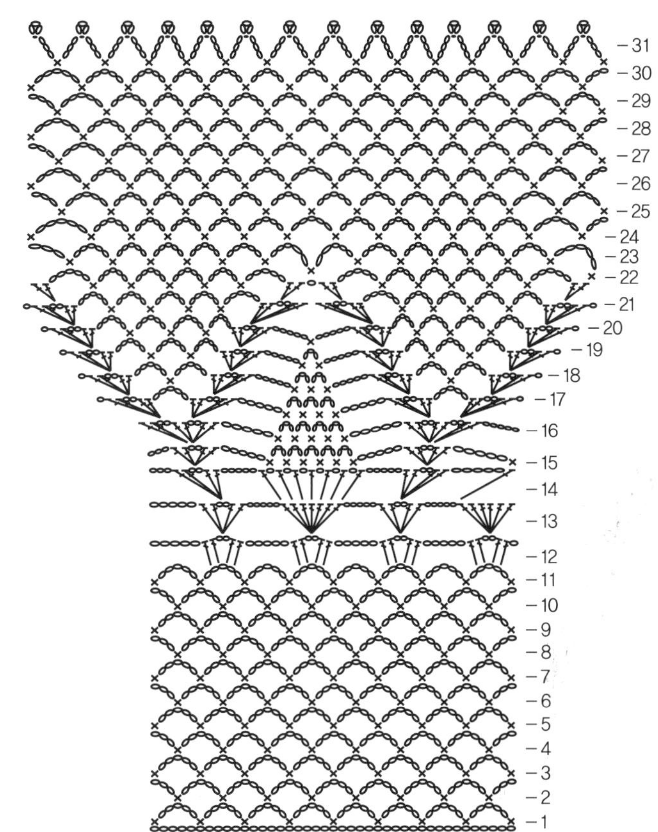

4 Knitting
빨강색 어린이 원피스

민소매와 앞 · 뒤 목을 시원하게 파서 여름철 보는 사람마저 시원하다.
강렬한 빨강색 원피스에 흰색 줄무늬 포인트를 주어 깜찍함이 한결 더하다.

1. 라운드 넥 부분
2. 뒷목과 지퍼 달 곳은 짧은뜨기 후 피코뜨기
3. 치마 밑부분에 흰색 줄무늬 포인트
4. 배 연결 부분의 손뜨개

빨강색 어린이 원피스

완성 치수

6~7세

재료와 도구

실 .... 와이키키(빨강색, 흰색)

바늘 ... 코바늘 2호

뜨는 방법

❶ 앞 뒤판을 연결해서 뜨는데 뒤판 지퍼 달 곳은 오픈한다.

❷ 사슬 216코를 시작으로 치마를 뜨고 윗부분은 사슬 216코에서 무늬 31개(280코)가 되게 늘린다.

❸ 치마 25단과 26단은 흰색으로 색을 바꿔 포인트를 준다.

❹ 치마는 한 무늬마다 3단 2코씩 8회 늘려 시작 216코가 600코가 되게 한다.

❺ 소매단과 밑단 그리고 지퍼단은 짧은뜨기를 뜨고 난 후 피코뜨기로 마무리한다.

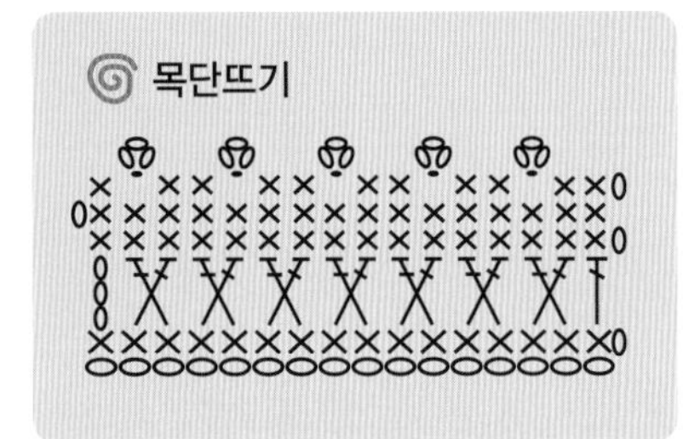

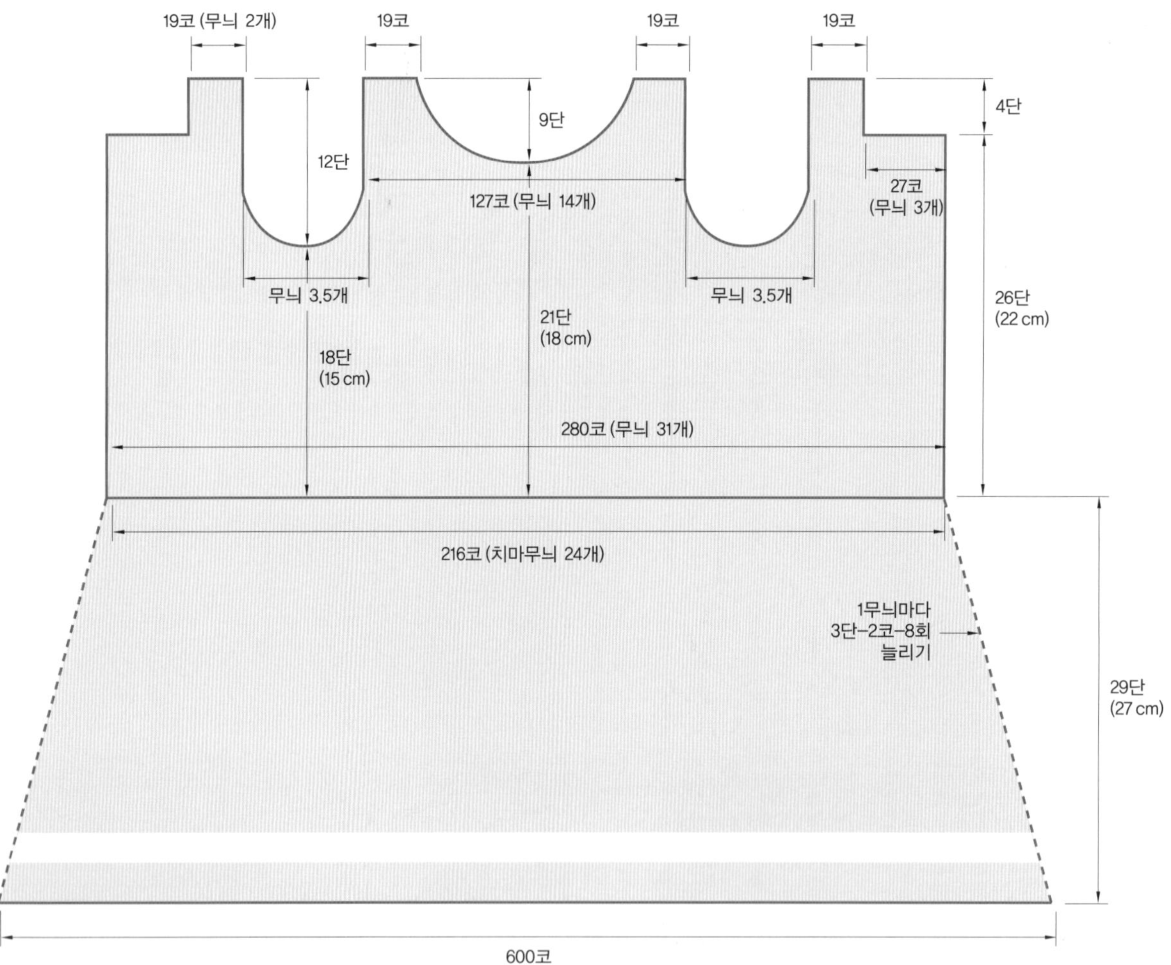

치마뜨기

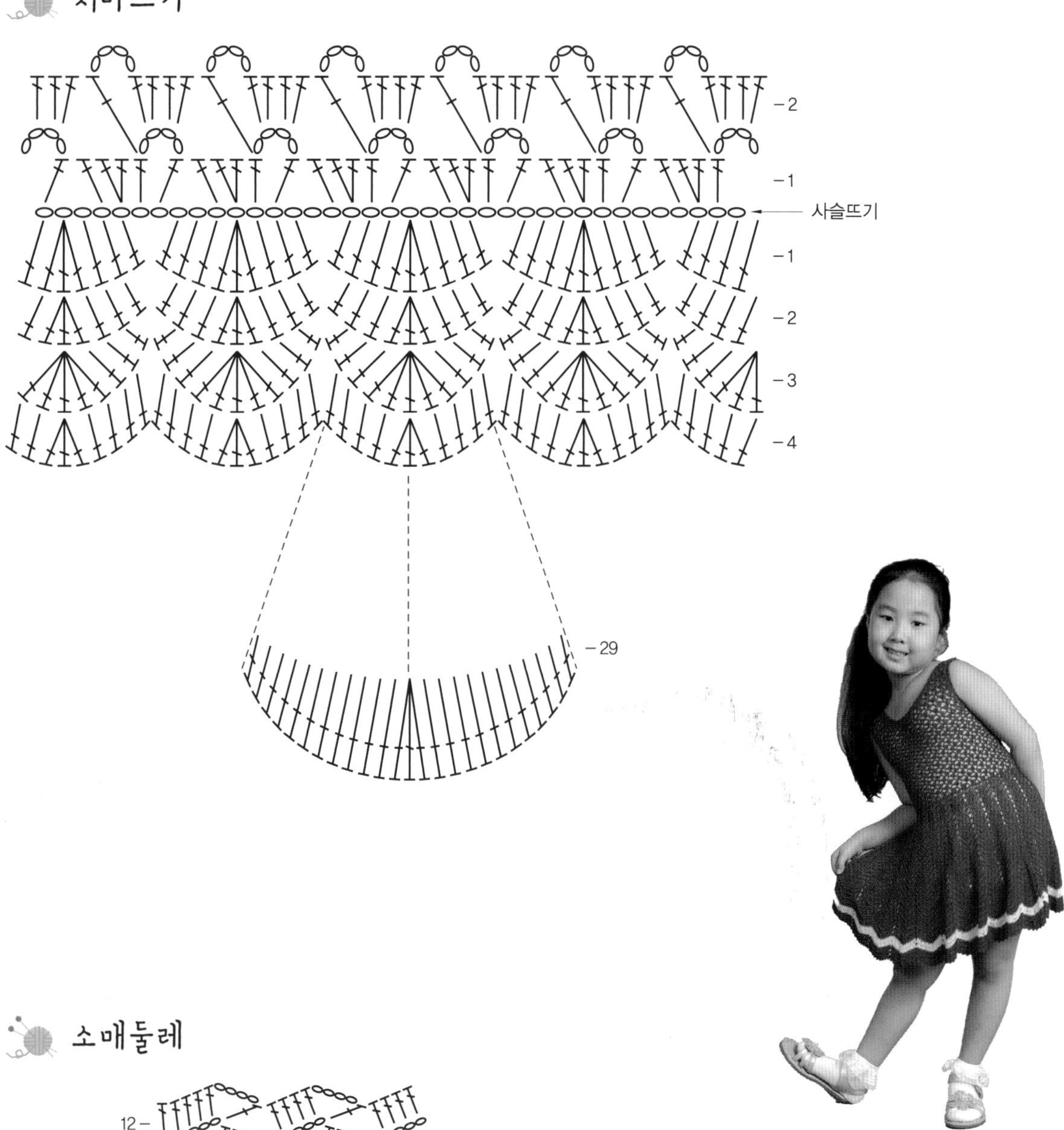

소매둘레

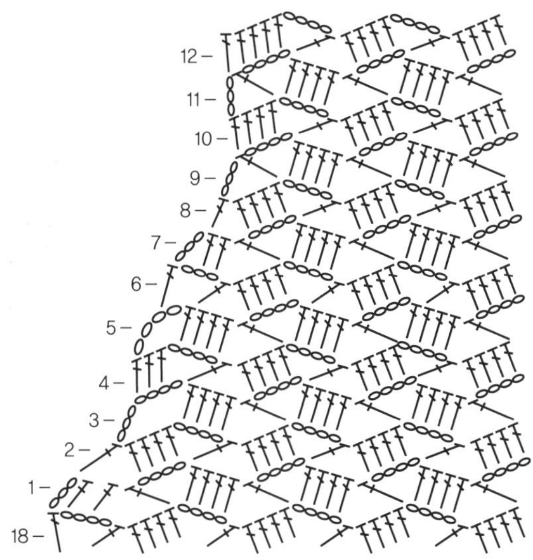

앞목둘레

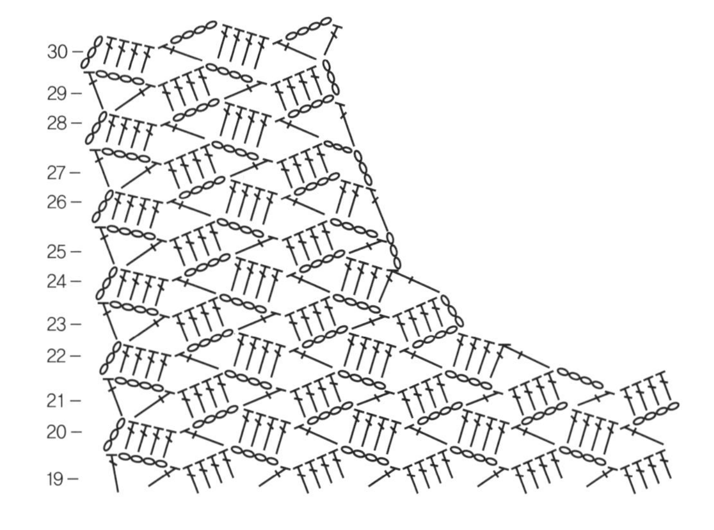

5 Knitting
노란 어린이 드레스

노란색과 흰색이 적절히 섞인 색상에 조금은 긴듯한 드레스로, 나들이 갈 때 입히면 좋다.
화사한 봄 느낌과 함께 상큼하고 발랄해 보인다.

1. 약간 올라온 목단뜨기
2. 입고 벗기 편하게 지퍼 달기
3. 소매 부분 손뜨개
4. 드레스 밑 부분에 옆트임을 준다.

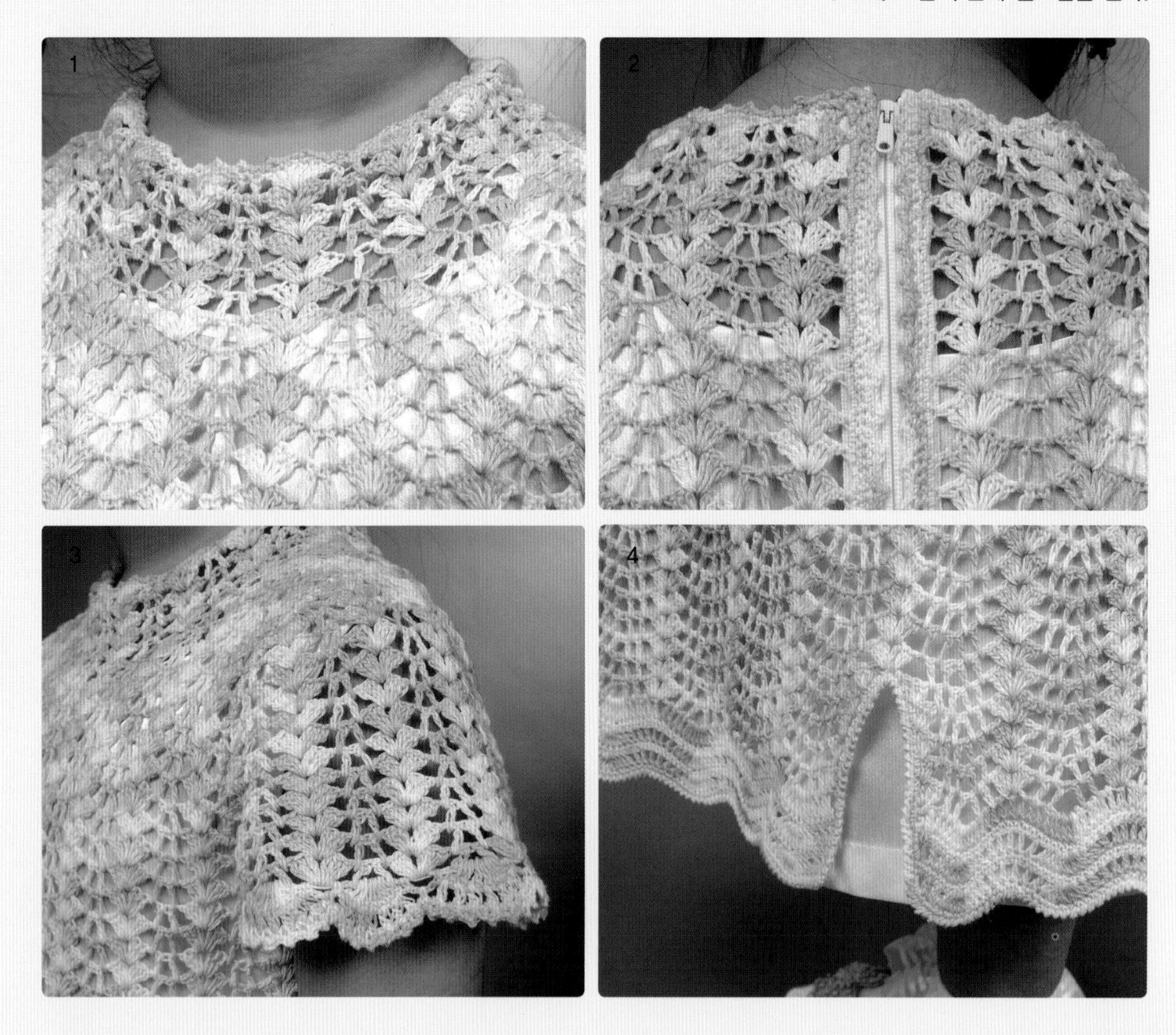

노란 어린이 드레스

완성 치수

8세

재료와 도구

실 ...... 순면(노랑+흰색)
바늘 ... 코바늘 2호

뜨는 방법

❶ 사슬 155코를 앞 · 뒤 각각 시작해 8단 무늬뜨기하고 9단째는 앞 · 뒤를 이어 원통뜨기한다.

❷ 41단째는 무늬마다 2코씩 줄이고 42단째도 무늬마다 2코씩 줄여 5단을 뜬 후 뒤판 부분을 반으로 나누어 오픈해서 지퍼 달 곳을 만든다.

❸ 57단째부터 소매둘레를 만들며 그 위로 15단을 더 올린다.

❹ 앞판 64단째부터 앞목을 만들며 71단까지 뜬다.

❺ 뒤판 68단째부터 뒷목을 만들며 71단까지 뜬다.

❻ 목둘레는 몸판무늬 14개를 연장해서 만들어 5단 뜨고 마무리는 피코뜨기를 한다.

❼ 아랫단은 무늬뜨기 B를 6단 뜨고 되돌아뜨기로 마무리한다.

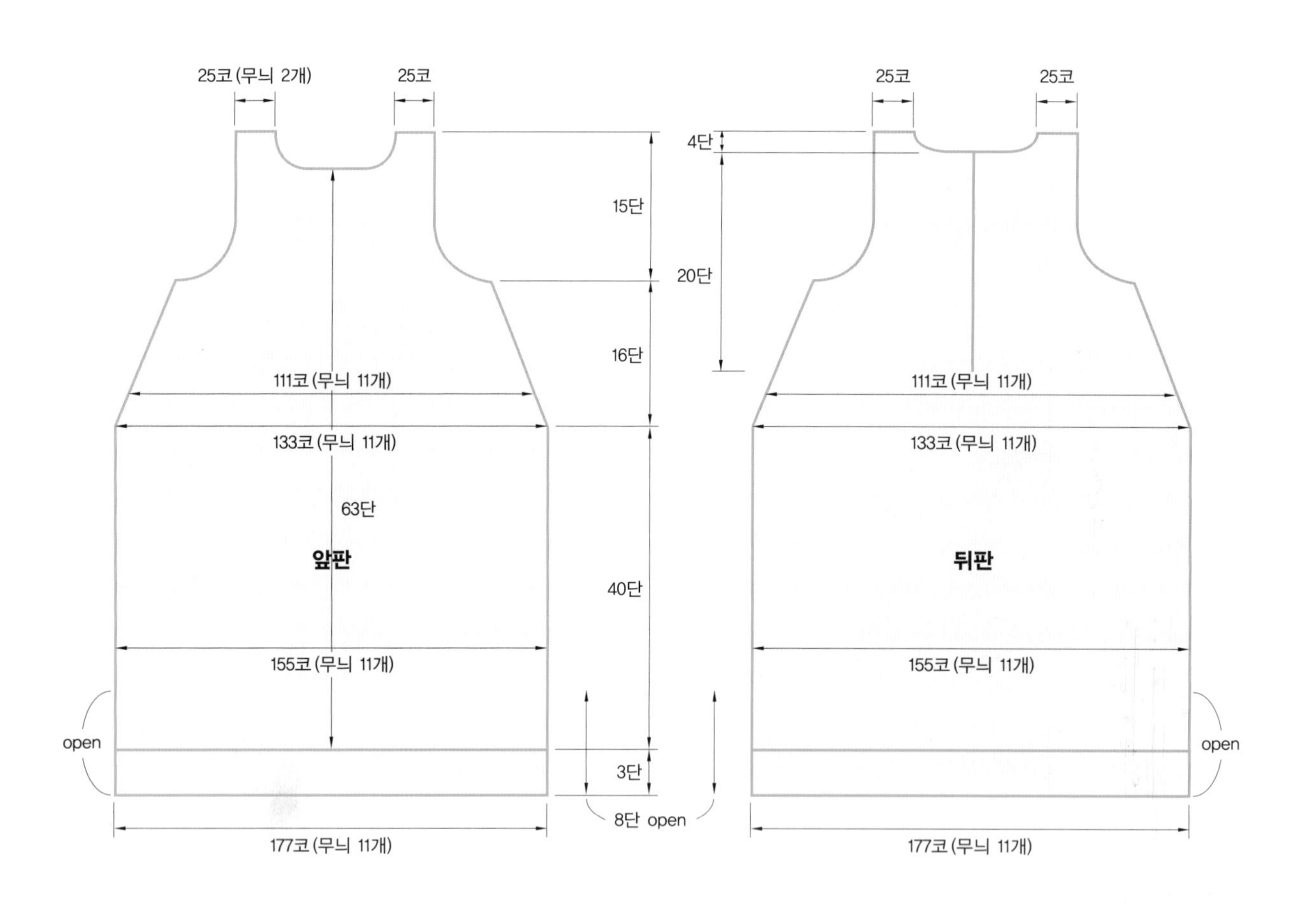

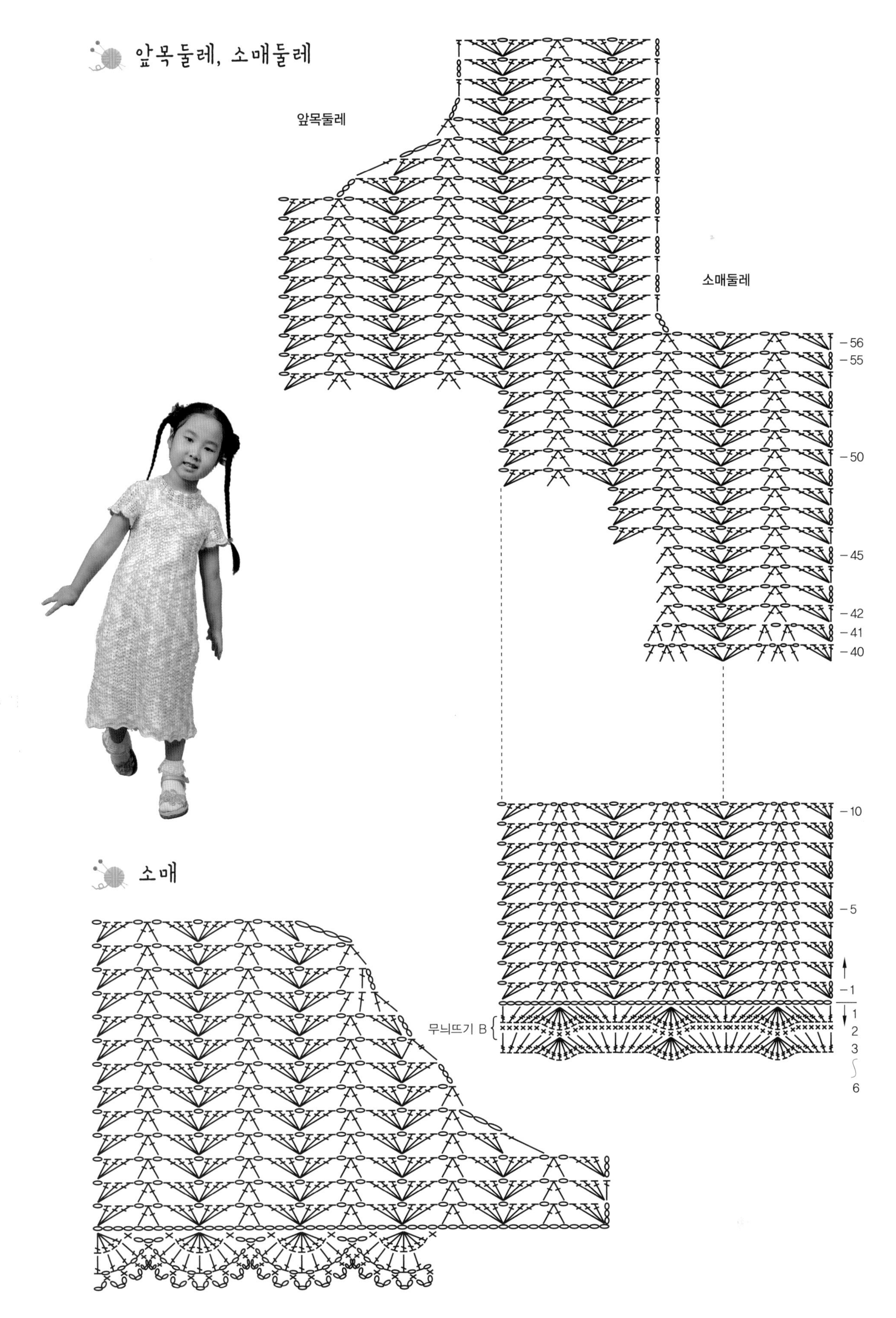
앞목둘레, 소매둘레
앞목둘레
소매둘레
56
55
50
45
42
41
40
10
5
1
1
2
3
6
무늬뜨기 B
소매

6 Knitting

보라색 어린이 옷

상의와 치마 투피스의 구성으로, 정장 차림이 필요한 곳에 입고 가도 손색이 없을 듯하다.
얌전하게 보이면서도 신축성이 있어 아이들이 활동하는 데 불편함이 없다.

1. 라운드 넥 – 1코 고무뜨기 단뜨기
2. 소매 부분 손뜨개
3. 밑단뜨기 무늬
4. 치마 고무벨트 넣기

보라색 어린이 옷

완성 치수

8~9세

재료와 도구

실 …… 보라색 포시즌

바늘 … 3mm 대바늘 set, 코바늘 3호, 돗바늘

뜨는 방법

❶ 몸판은 대바늘로 무늬뜨기를 하고, 목단을 제외한 소매단, 밑단, 치마단은 역짧은뜨기로 마무리한다.

❷ 목둘레는 152코를 주어 고무뜨기 8단(3cm)을 뜬다.

❸ 치마단은 204코로 시작해서 무늬뜨기 B를 원통뜨기하고 48단째 220코가 되게 늘려서 무늬뜨기 A를 원통뜨기한다.

❹ 치마 허리단은 220코를 110코가 되게 줄인 후 메리아스뜨기 20단을 뜬 후 허리둘레만큼 고무밴드를 넣고 반으로 접어 감침질한다.

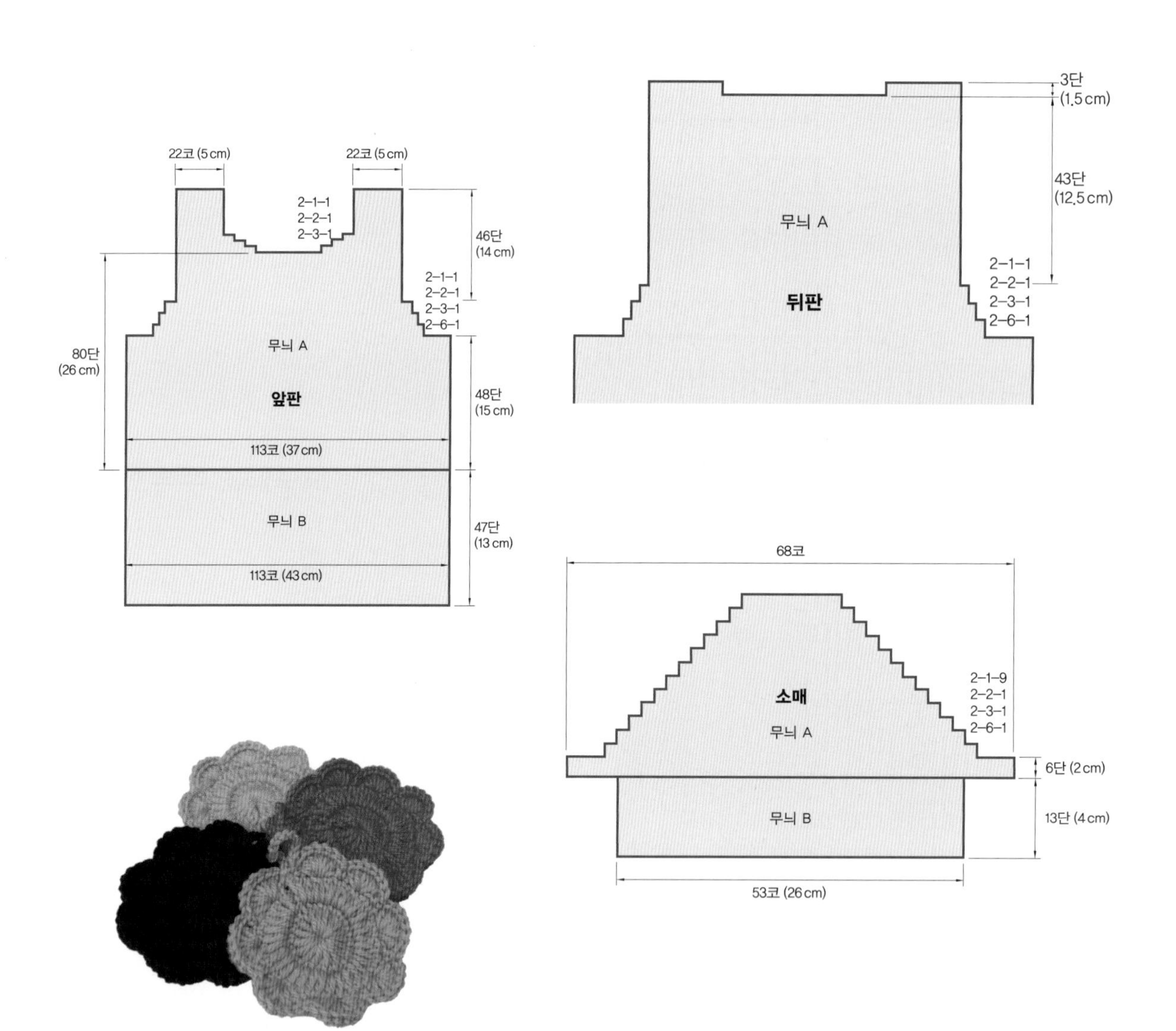

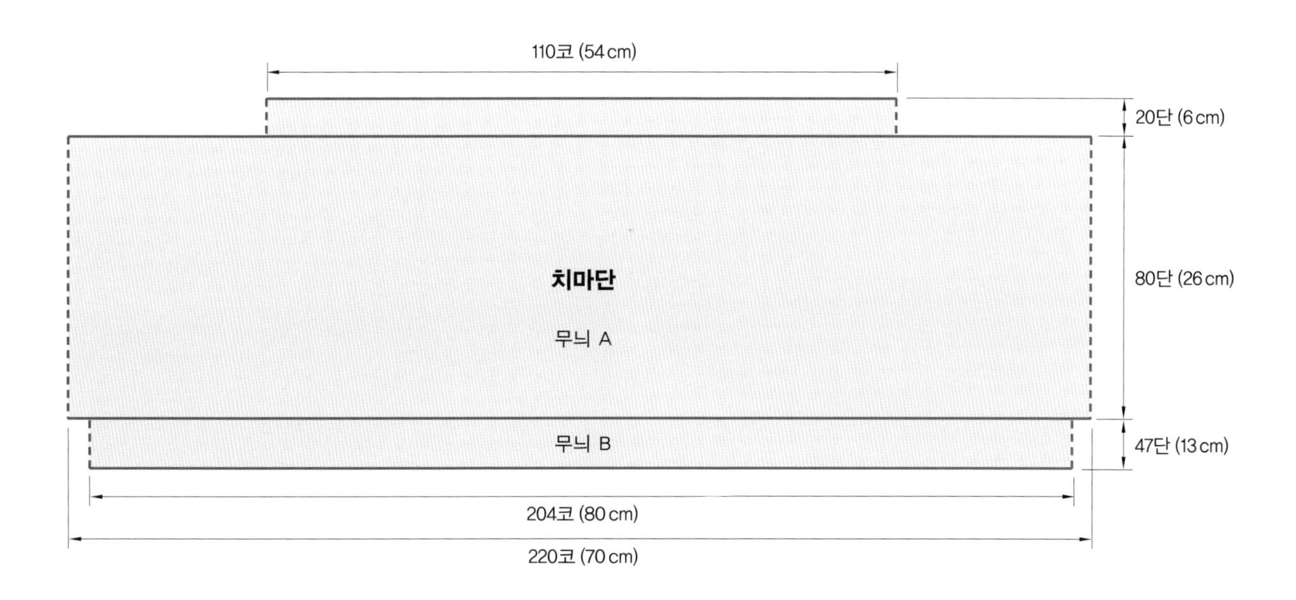

무늬뜨기 A (22코 40단 1무늬)

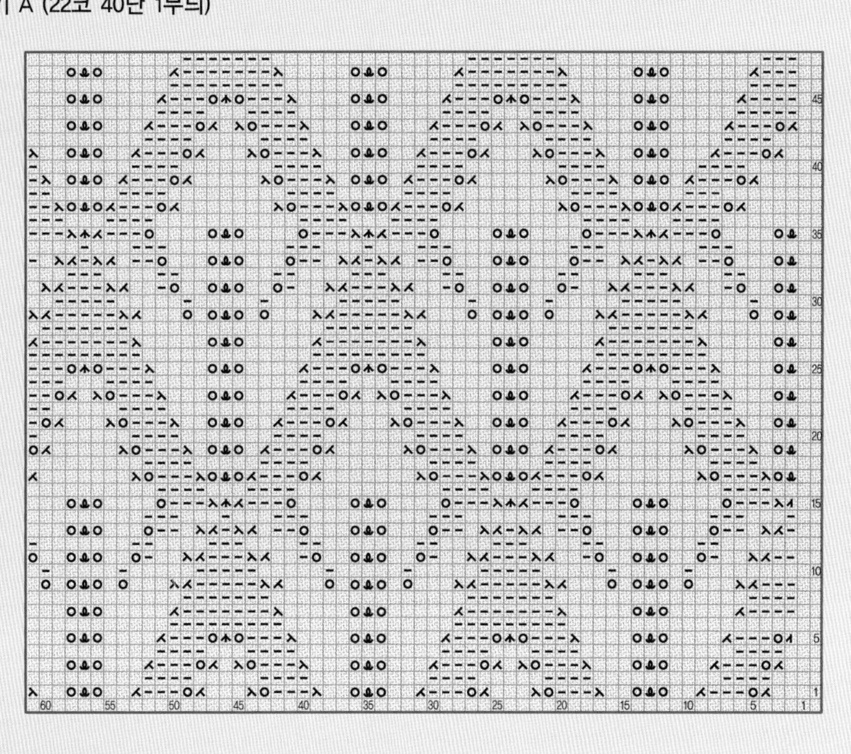

무늬뜨기 B (17코 8단 1무늬)

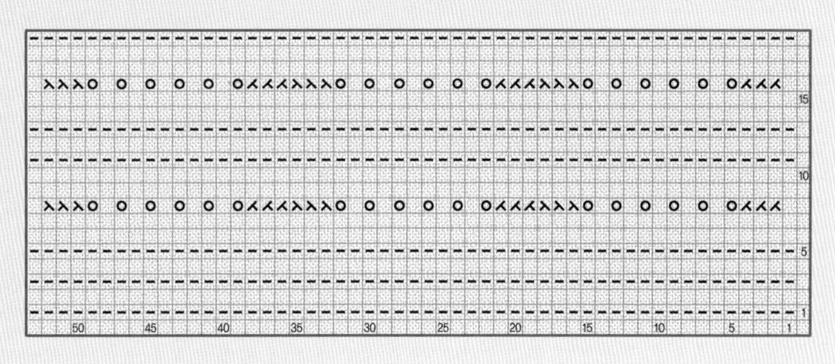

KIKI

P.a.r.t 4

소품용 손뜨개

1_공작무늬 커튼

2_카페트

3_4인용 식탁보

4_타원형 가방과 패션 모자

5_스포츠 가방과 테니스 모자

6_무지개 가방

7_빨강 패션 가방

8_엘레강스 손가방

9_골프 장갑

10_빨강색 덧버선

11_노랑색 덧버선

1 Knitting
공작무늬 커튼

내 손으로 직접 만든 커튼을 달고, 아침 햇살 은은히 받으며 일어나는 아침, 기분이 상쾌하지 않을까?
약간의 인내가 필요한 커튼 만들기, 뜨고 나면 자기와의 싸움에서 이긴 듯 무언가 해낸 기분이 들 것이다.

1. 커튼 봉 고리뜨기
2. 커튼 밑단 장식뜨기

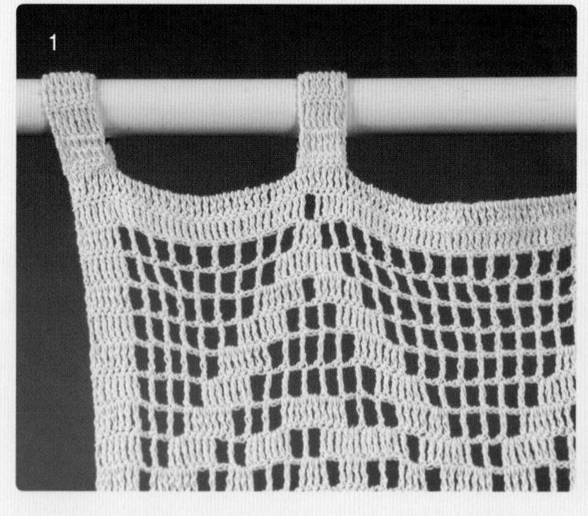

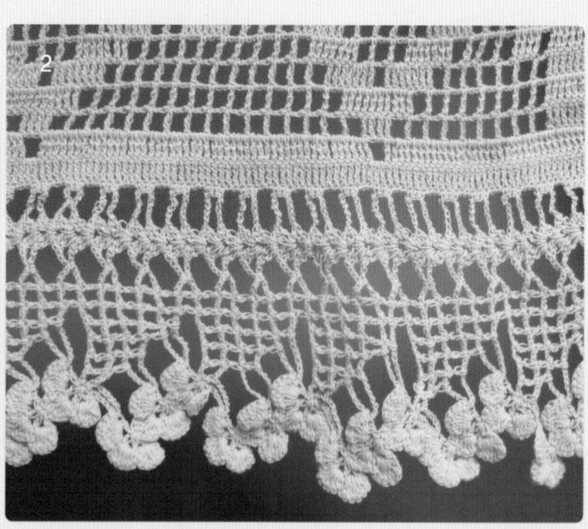

공작무늬 커튼

재료와 도구

실 .... 흰색 썸머울
바늘 ... 코바늘 2호

뜨는 방법

❶ 사슬 376코를 시작코로 하여 뜬다.

❷ ☒ = 기호도와 같이 도안을 참조하여 뜬다.

❸ 커튼봉 고리는 8코를 2길 긴뜨기로 8단을 떠서 반으로 접어 붙인다.

❹ 커튼은 위로 시작해서 아래로 떠 내려오며 아래 장식단은 옆으로 떠 간다.

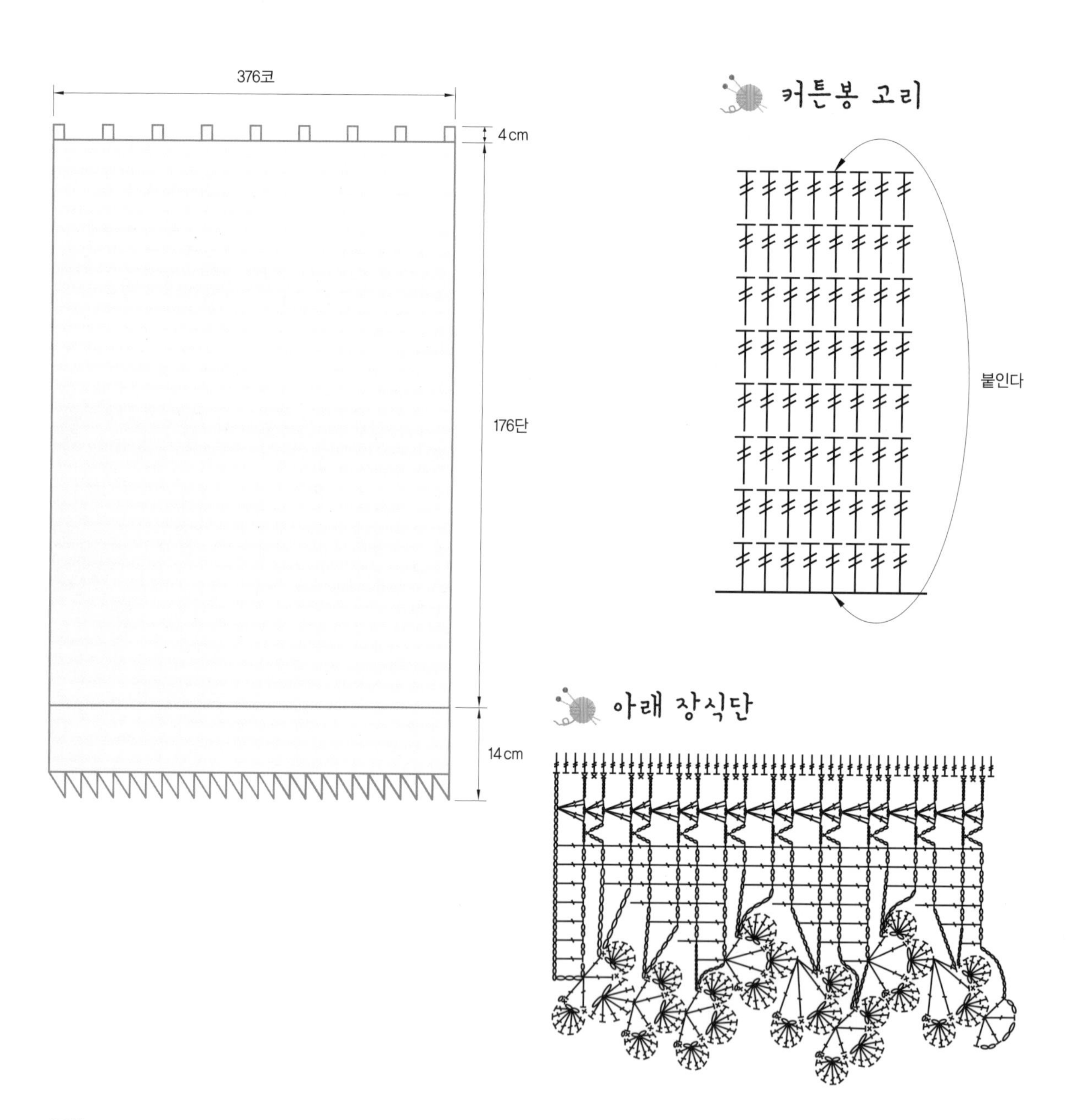

커튼 도안

175
170
165
160
155
150
145
140
135
130
125
120
115
110
105
100
95
90
85
80
75
70
65
60
55
50
45
40
35
30
25
20
15
10
5
125 120 115 110 105 100 95 90 85 80 75 70 65 60 55 50 45 40 35 30 25 20 15 10 5

2 Knitting
카페트

조각조각 꽃무늬 모티브를 이어 카페트를 만들어 보았다.
모티브 여러 조각을 이어 침대 패드로 활용하거나 소파의 덮개로 활용해도 좋다.
화사한 봄에 알맞은 실내 인테리어용이다.

1. 꽃무늬 모티브 뜨기
2. 카페트 가장자리 뜨기

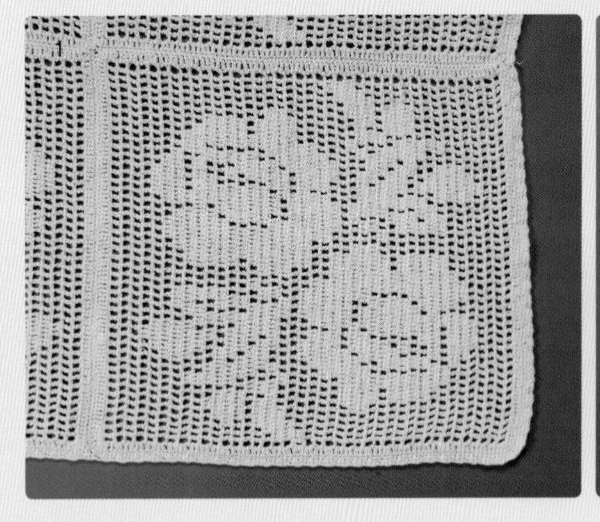

카페트

뜨는 방법

완성 치수

120×180cm

재료와 도구

실 …… 면실
바늘 … 코바늘 5호, 돗바늘

❶ 모티브 12개를 뜬 후, 돗바늘로 감칠질해서 이어주고 전체적으로 장식뜨기하여 마무리한다.

❷ ⊠ = 기호도와 같이 도안을 참고하여 뜬다.

❸ 모티브 무늬뜨기 후 가장자리는 긴뜨기로 1단 둘러준다.

가장자리 뜨기

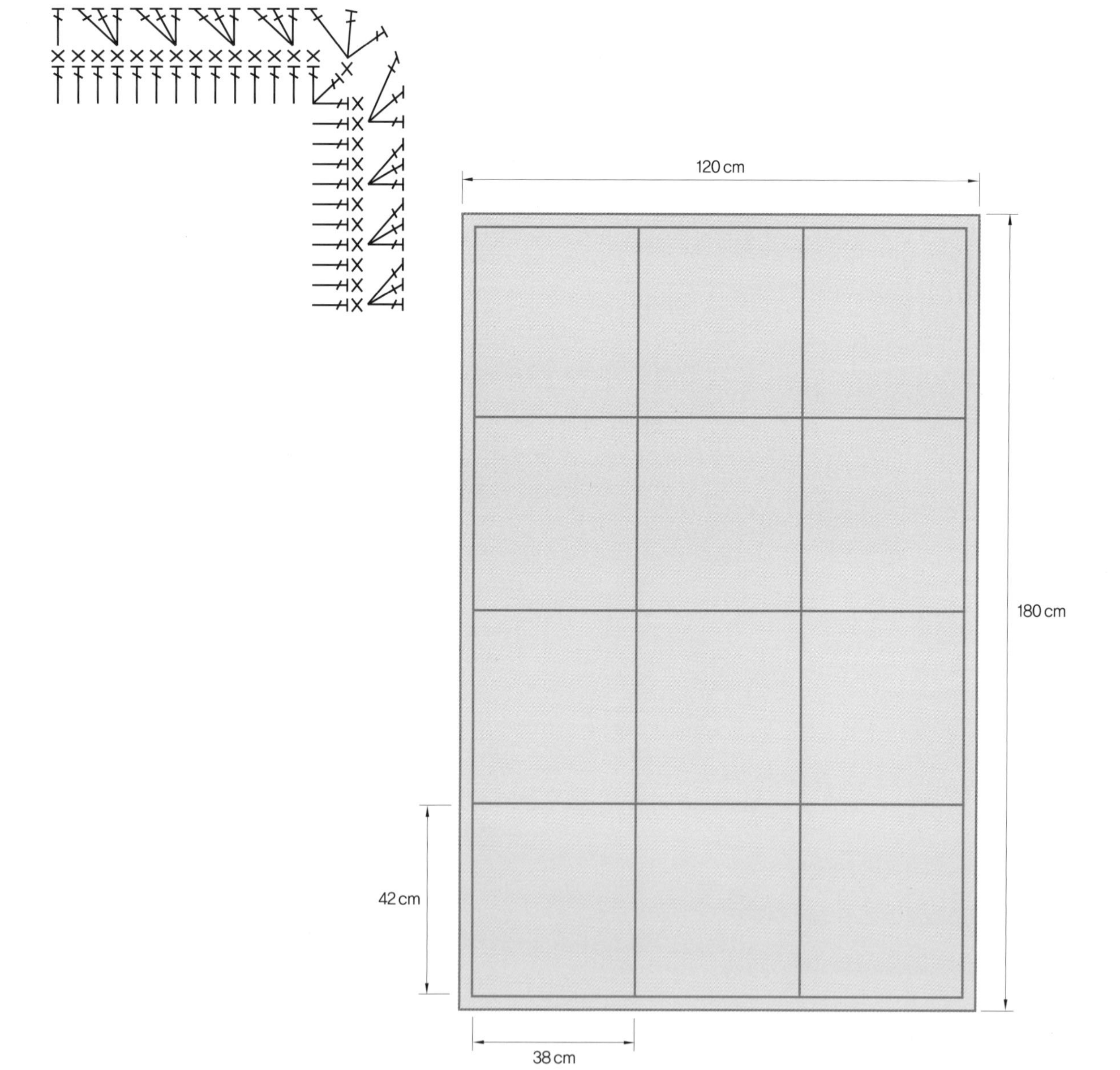

모티브 도안

3 Knitting

4인용 식탁보

파인애플 문양이 담긴 모티브를 이어 4인용 식탁보를 만들어 보았다.
흰색에 면소재라 세탁이 편리해서 실용적이다.

1. 4조각 모티브 붙이기
2. 모티브 부분
3. 가장자리 뜨기
4. 모서리 부분

4인용 식탁보

완성 치수
122×122cm²
재료와 도구
실 ······· 면사
바늘 ··· 코바늘 5호

뜨는 방법

❶ 모티브 16개를 이어 식탁보를 만드는데 모티브는 뜨면서 붙인다.

❷ 모티브 16개를 이어 정사각형이 되면 가장자리에 장식뜨기를 떠서 마무리한다.

❸ 모티브 개수를 좀 더 이으면 침대커버로도 응용이 가능하다.

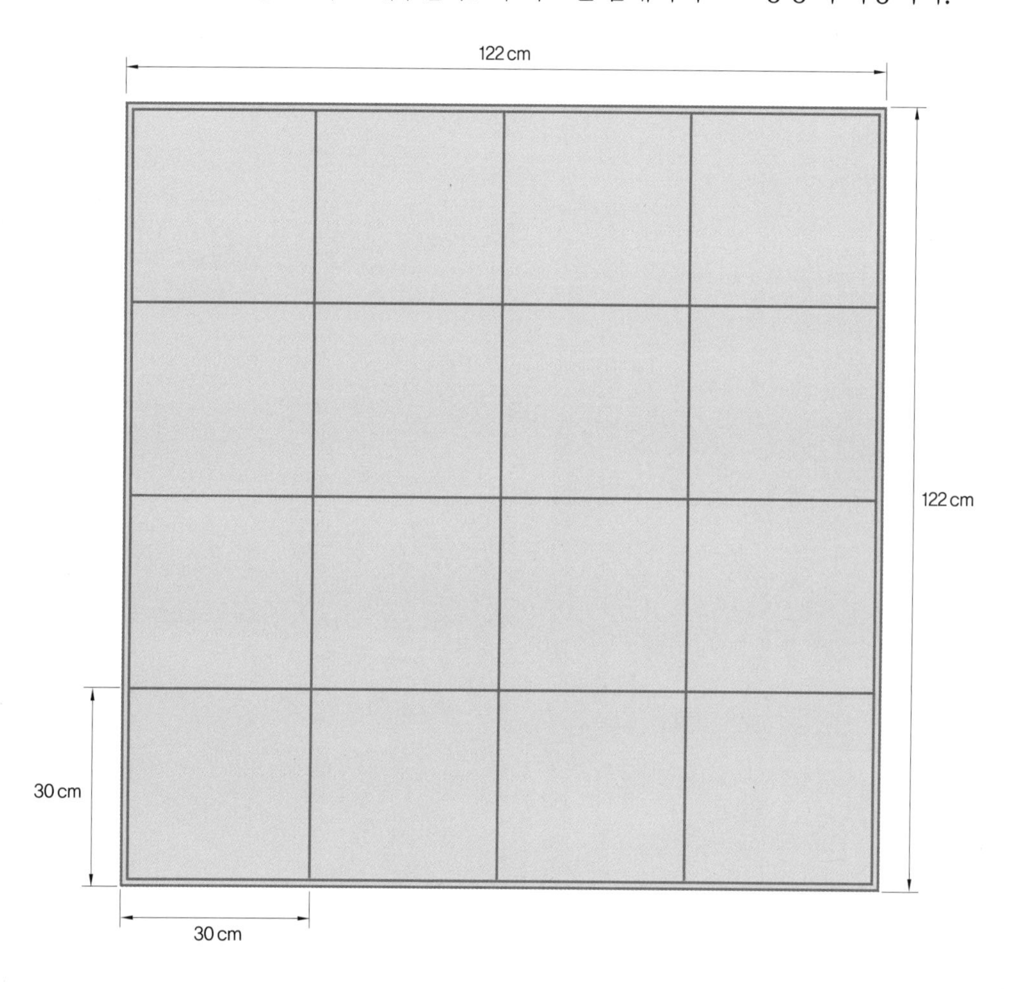

가장자리 뜨기

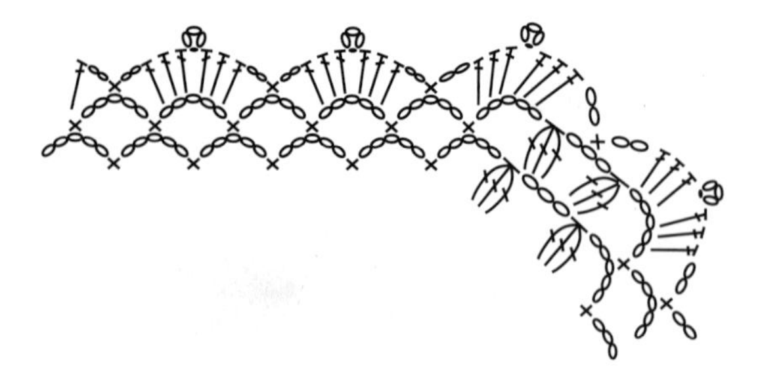

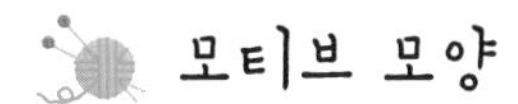

모티브 모양

4 Knitting 타원형 가방과 패션 모자

모자와 가방의 푸른 빛깔이 시원해 보인다. 가방이 넉넉해서 휴가철 바닷가에 갈 때 짐 걱정은 좀 덜어질 듯하다.

1. 가방고리 달기
2. 가방 옆면
3. 가장자리 뜨기
4. 모자 부분 손뜨개

타원형 가방과 패션 모자

완성 치수

44cm × 30cm × 10cm

재료와 도구

실 …… 덴디(감청색, 하늘색, 자주색)

바늘 … 코바늘 5호

타원형 가방 뜨는 방법

❶ 사슬 118코를 시작코로 가운데를 중심으로 배색하며 뜬다.

❷ 옆면은 도안대로 2장 뜬 후 되돌아뜨기로 장식뜨기하며 붙인다.

❸ 아귀쪽과 자주색은 골뜨기를 한다.

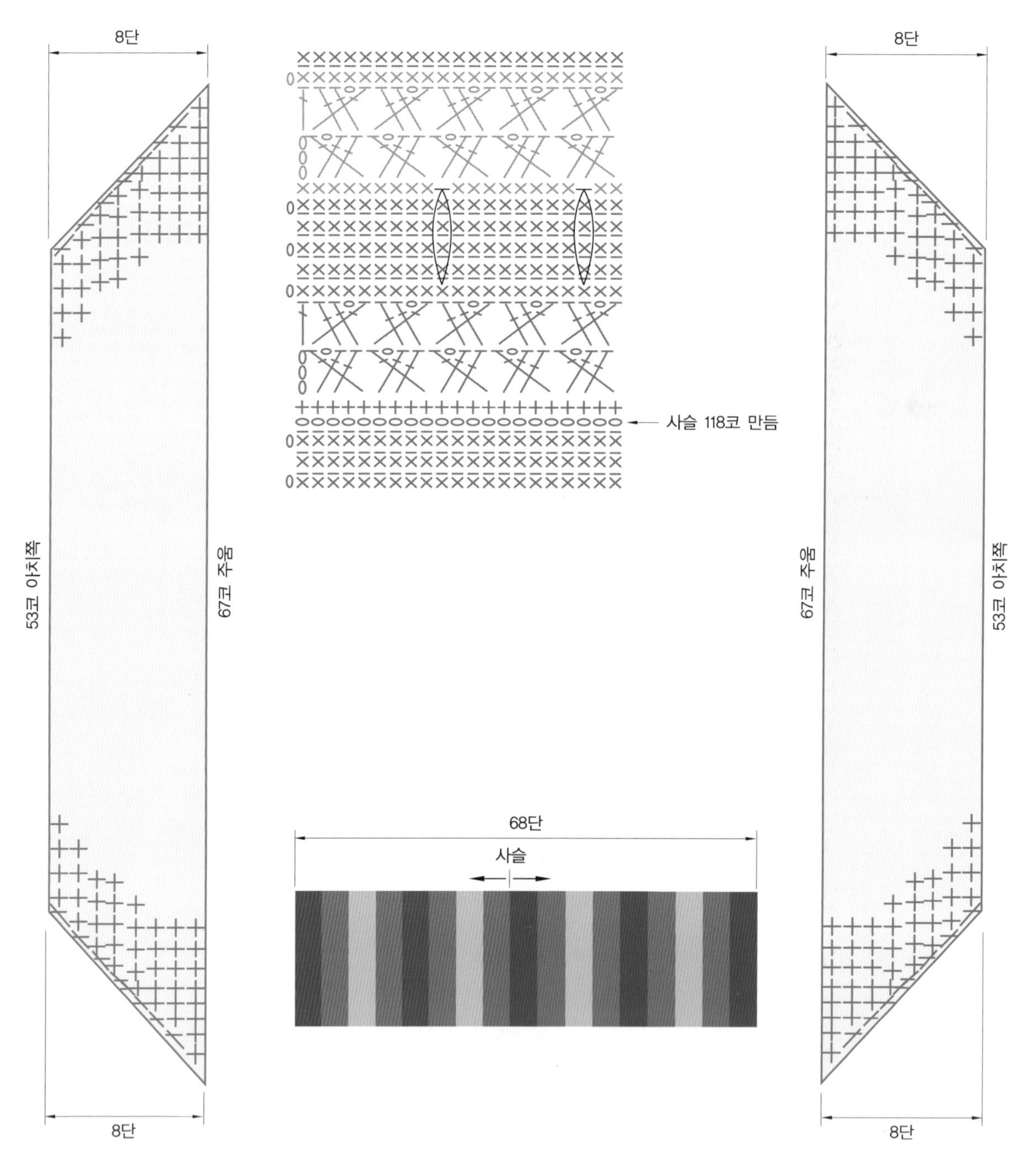

옆 면

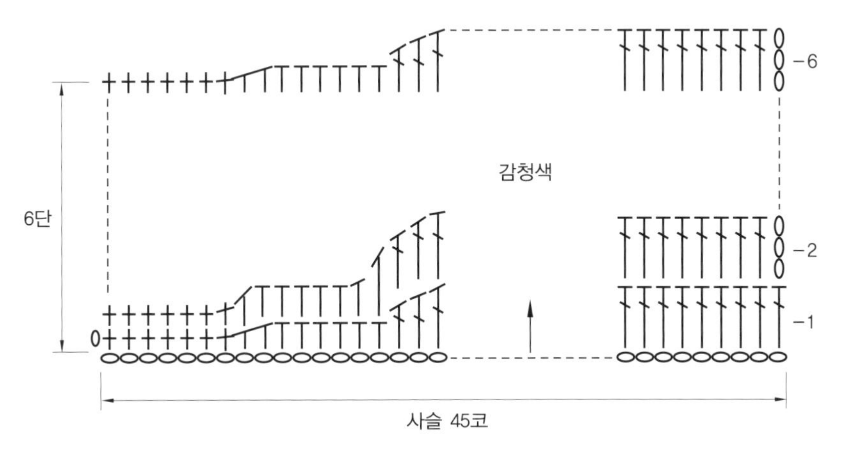

패션 모자 뜨는 방법

재료와 도구

실 ······ 덴디(감청색, 하늘색, 자주색)

바늘 ··· 코바늘 5호

❶ 사슬 3코를 만들어 링을 만들고, 짧은뜨기 7코를 뜨고 7방향으로 매 단 늘리며 92코가 되게 만들고 16단까지 감청색으로 뜬다.

❷ 17단은 자주색으로 뜨고, 18~21단은 하늘색으로 무늬뜨기, 22~23단은 자주색으로 짧은뜨기, 24~27단은 감청색으로 무늬뜨기를 하고, 28~29단은 자주색으로 뜬다.

❸ 30단은 5코마다 1코씩 늘리며, 5단은 하늘색으로 뜨고 35단은 자주색으로 뜬다.

❹ 36단은 10코마다 1코씩 늘리며, 7단은 감청색으로 뜨고 45단은 되돌아뜨기로 마무리한다.

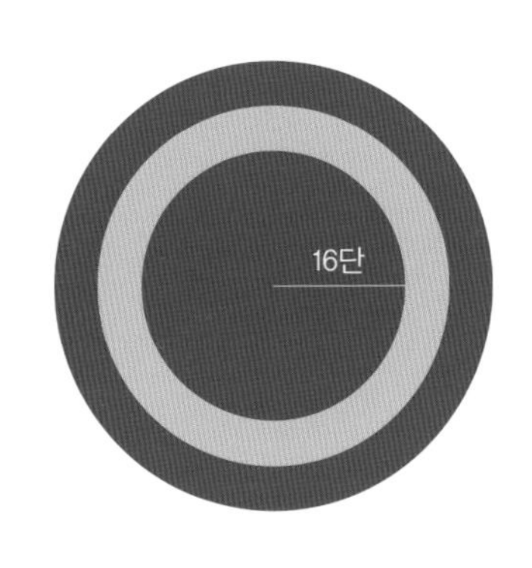

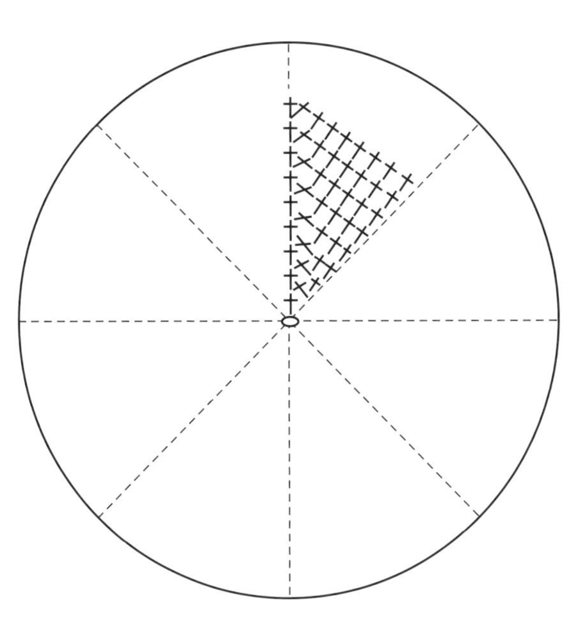

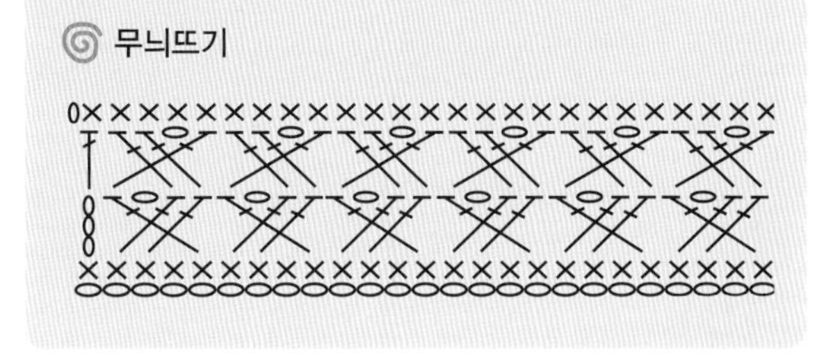

5 Knitting
스포츠 가방과 테니스 모자

하얀색 면소재 가방과 모자. 운동을 하고 난 후 땀이 찬 모자와 때가 탄 가방을 세제에 넣어 쉽게 빨 수 있어 좋다. 평상시 모자와 가방으로 활용해도 좋다.

1. 가장자리를 되돌아짧은뜨기로 장식하며 단추구멍을 낸다.
2. 뒷 지퍼를 달 곳은 되돌아짧은뜨기로 장식한다.

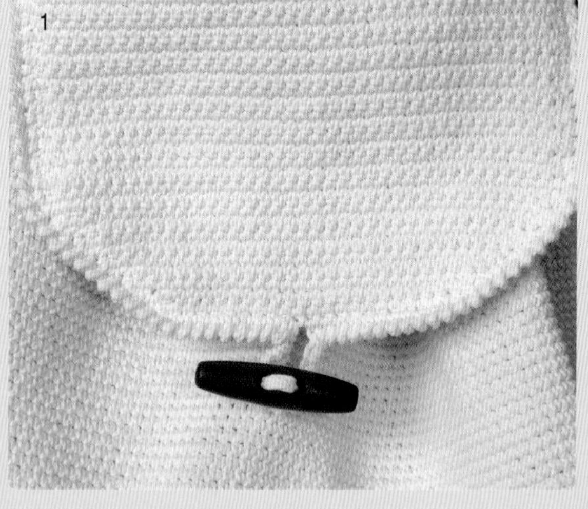
1

2

스포츠 가방과 테니스 모자

재료와 도구
실 …… 면사
바늘 … 코바늘 5호

스포츠 가방 뜨는 방법

❶ 사슬 45코를 시작코로 짧은뜨기로 양옆 가장자리를 늘리며 가방 밑바닥을 뜬다. 가방은 원통뜨기로 뜬다.

❷ 바닥 180코가 되게 늘리고 42단째는 양옆으로 각 32코씩 사슬을 만들어 걸어 주머니 입구를 만든다.

❸ 아래주머니 입구에서 40단을 더 떠 올린 후 안쪽 가운데 부분에 사슬 67코를 만들어 걸어주어 가방 입구 지퍼 달 곳을 만든다.

❹ 가방 입구에서 12단을 더 뜬 후 끈 맬 곳을 만들고 5단을 더 뜬 후 덮개를 만든다.

❺ 덮개는 39코를 짧은뜨기로 28단 뜬 후 1단에 1코씩 5번 양옆으로 줄여 29코가 되게 한 후 마무리한다.

모자 시작

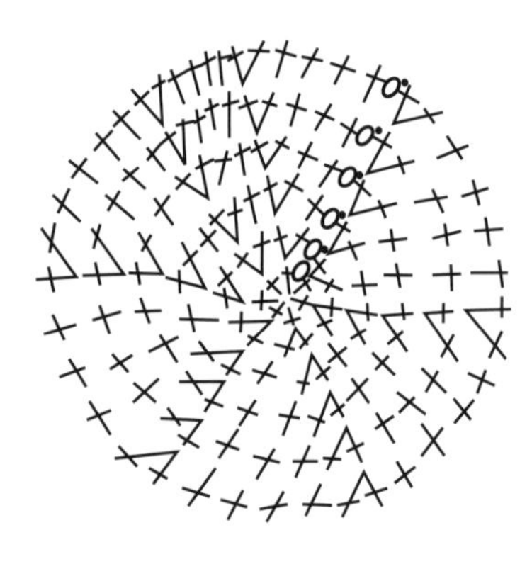

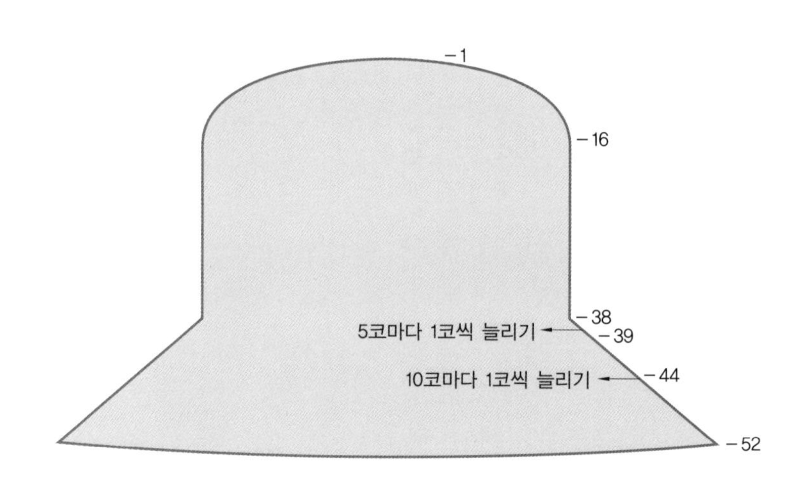

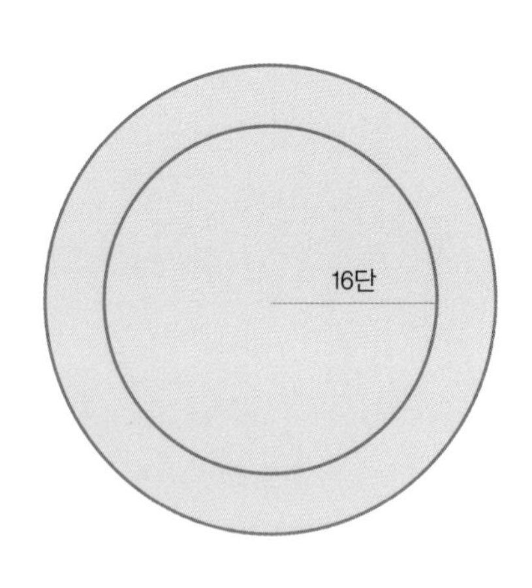

테니스 모자 뜨는 방법

재료와 도구
실 ...... 면사
바늘 ... 코바늘 4호

❶ 사슬 3코를 만들어 링을 만들고 짧은뜨기 7코를 뜨고 7방향으로 매 단 늘리기 16단 한 후 22단 원통뜨기한다.
❷ 39단째는 5코마다 1코씩 늘리고 5단 뜬다.
❸ 44단째는 10코마다 1코씩 늘리고 8단 더 뜬 후 마무리한다.
❹ 16단에는 119코가 된다.
❺ 모자 마무리는 되돌아뜨기로 떠서 장식한다.

가방 밑바닥 뜨기

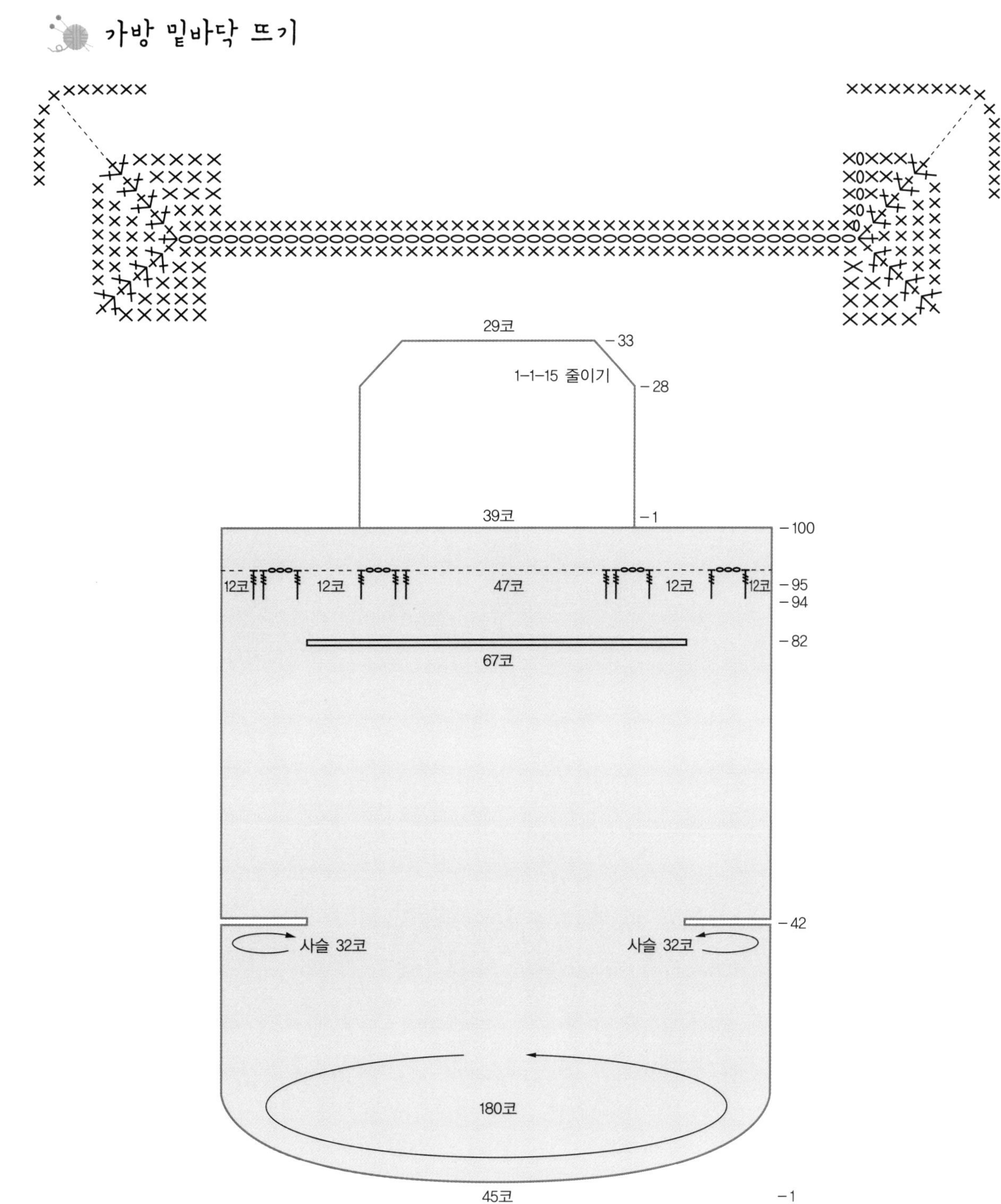

6 Knitting 무지개 가방

손뜨개하고 남은 짜투리 실들을 조각조각 이어 멋쟁이 가방을 만들어 보았다. 모양이 튀지 않고 무난하여 회사 다닐 때나 데이트 할 때 들고 나가면 멋스럽다.

1. 지퍼 달 곳은 되돌아짧은뜨기로 장식한다.
2. 가방 몸통은 짧은뜨기

1

2

무지개 가방

완성 치수

33cm × 31cm

재료와 도구

실 …… 오로라사(그린, 살구색, 핑크, 자주, 보라색)

바늘 … 코바늘 5호

뜨는 방법

❶ 실은 2겹으로 뜬다.

❷ 사슬 25코를 시작으로 도안대로 아래 코너를 늘리며 배색하며 왕복뜨기한다.

❸ 입구 부분은 160코를 주어 이랑뜨기로 10단 뜬 후 되돌아뜨기로 마무리한다.

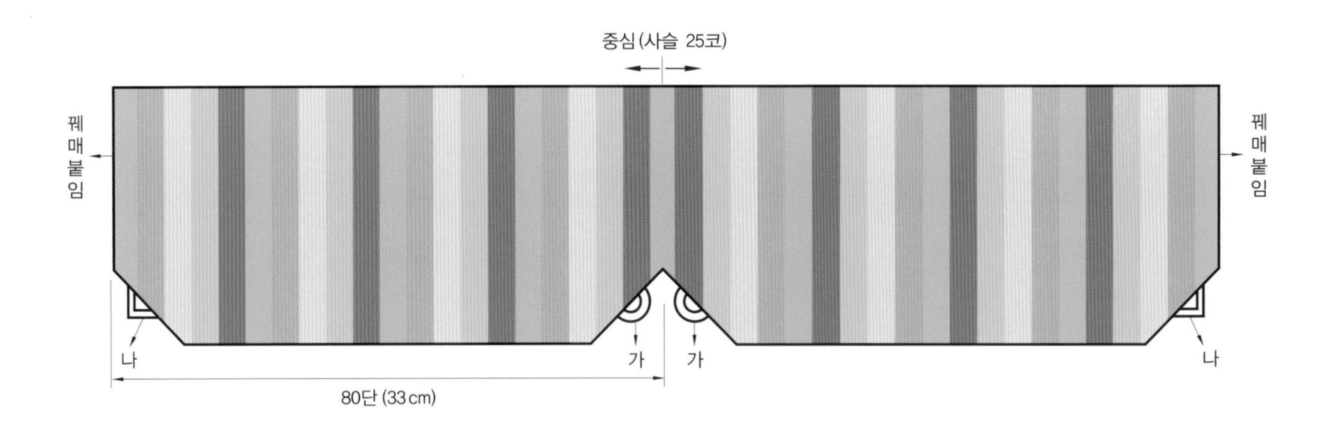

늘리는법 가

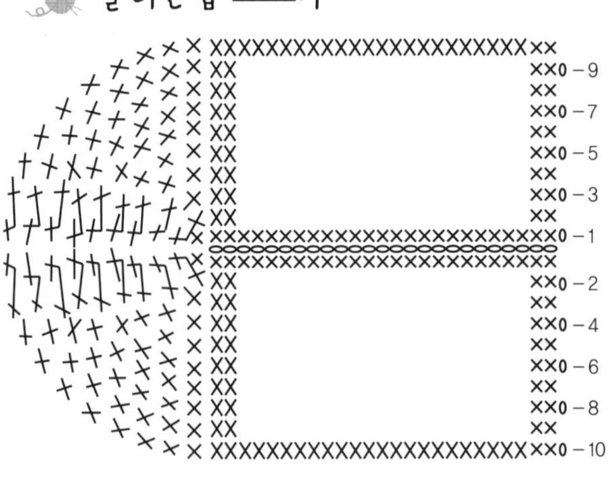

늘리는법 나

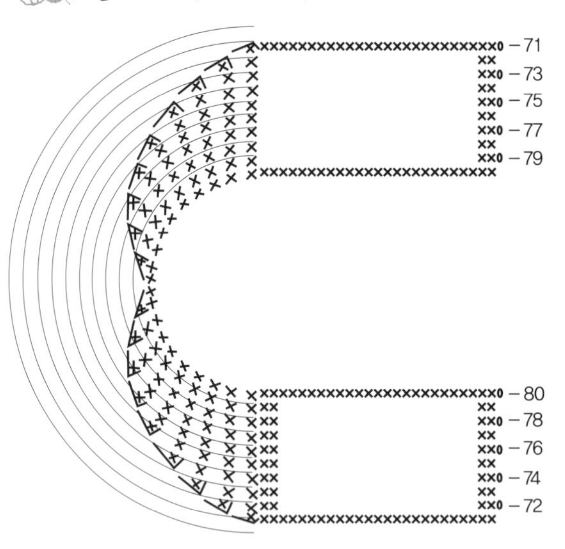

알아 두세요!

니트 물세탁법

❶ 찬물에 모직 세탁용 세제를 풀어 물 표면이 조밀한 거품으로 덮이도록 휘젓는다. 모직 세탁용 세제가 없으면 머리 감는 샴푸나 부엌용 중성 세제를 사용해도 되나 거품이 많아 모직 세탁용 세제보다 사용량을 줄여 사용한다.

❷ 단추가 있는 옷은 뒤집어서 세탁하고 때가 많이 탄 부분은 비비지 말고 가볍게 조물거려 세탁한다,

❸ 세제에 담가 빨던 옷을 건져 물기와 세제 거품을 뺀다,

❹ 맑은 물에 여러 번 가볍게 눌러 헹구어 세제를 완전히 빼내어 거품이 생기지 않고 맑은 물이 나오게 한다.

❺ 마지막 헹구는 물에 섬유 린스를 넣고 니트를 담가 가볍게 누른다. 섬유 린스가 없을 땐 식초나 레몬즙을 한 스푼 넣고 해도 괜찮다.

❻ 다 헹군 옷을 건져내어 크게 접은 뒤 보자기에 싸서 탈수기에 넣어 탈수한다.

❼ 탈수가 끝나면 꺼내어 툴툴 털어 구김을 피고 옷 모양대로 펴서 건조대 위에 펼쳐 널거나 넓은 채반에 담아 바람이 잘 통하는 그늘에서 말린다.

❽ 충분히 말랐으면 헝겊을 씌운 뒤 스팀다리미로 줄어든 곳은 늘리고 옷 모양을 바로잡으면서 다린다.

❾ 보푸라기가 생긴 곳은 잡아당기지 말고 가위로 잘라낸다.

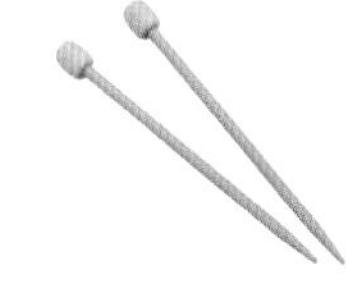

니트를 세탁할 때 주의할 점

- 미지근한 물(약 20℃)을 사용할 때 물의 온도는 일정한 것이 좋은데, 세제를 탄 물에 세탁물을 담가두어 시간이 지나 세탁물 온도가 낮아지면 옷이 줄어드는 원인이 되므로 단시간에 빨리 세탁한다. 물이 온도를 일정하게 맞추기가 힘들므로 찬물을 세탁물로 사용하는 게 더 좋다.
- 물기가 있는 세탁물은 옷걸이에 걸어 말리지 않아야 한다. 옷이 늘어지면서 변형이 된다.
- 물의 온도가 높으면 옷이 줄어들고, 특히 순모는 심하게 줄어들고 딱딱해지므로 뜨거운 물에 세탁하지 않는다.
- 코바늘뜨기 니트는 스팀다리밈질로 옷을 보정해야 하지만 대바늘뜨기 니트는 무늬뜨기가 많을수록 스팀을 하면 안 된다. 대바늘뜨기의 입체적인 무늬 느낌이 없어지게 된다.

7 Knitting

빨강 패션 가방

빨강색 실에 빨강 비즈를 달아 석류알을 박아 놓은 듯 빛깔이 곱고 화려하다. 모양과 색상이 튀기 때문에 생일 파티나 미팅 등에 코디해서 들고 나가면 패션 리더로 돋보일 것이다.

1. 비즈로 구슬을 만들어 단추처럼 장식
2. 가방 끈 부분은 덮개를 씌워 장식

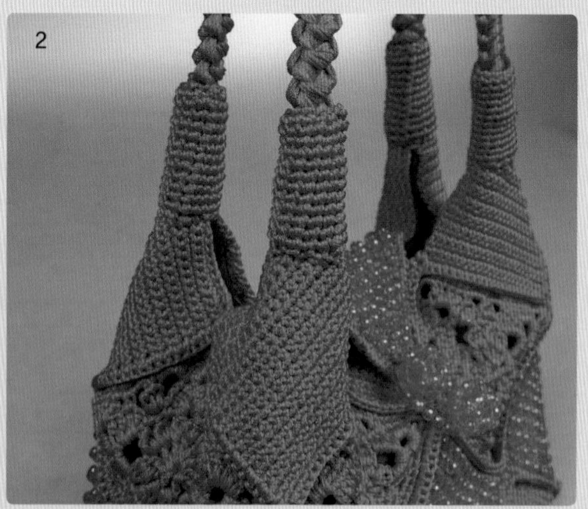

빨강 패션 가방

완성 치수
28cm × 14cm × 22cm
재료와 도구
실 .... 큐브사(빨강색)
바늘 ... 코바늘 3호, 코바늘 7호, 돗바늘
부품 ... 빨강구슬, 28×14 깔판

뜨는 방법

❶ 사슬 22코를 22단 짧은뜨기(무늬 A)로 11장을 뜬다.

❷ 사슬 22코, 22단에 구슬을 끼워 짧은뜨기(무늬 B) 7장을 뜬다.

❸ 무늬 C형 모티브 6장을 뜬다.

❹ 사슬 22코를 매 단 1코씩 줄여 22단 떠서 삼각모양(무늬 D)을 1장 만든다.

❺ ❶~❹를 도안대로 끝에서 짧은뜨기로 이어준다.

❻ 실을 7겹해서 코바늘 7호로 새우뜨기를 해서 원하는 길이만큼 가방끈을 2개 뜬다.

❼ 사슬 16코를 짧은뜨기로 원통뜨기 13단, 4개를 만든다.

❽ 준비된 가방끈에 ❼에서 만든 원통을 2개씩 끼운 후 끈을 가방에 붙인다.

❾ 끈에 끼운 원통을 끈 가장자리에 댄 후 돗바늘로 감침질해서 고정한다.

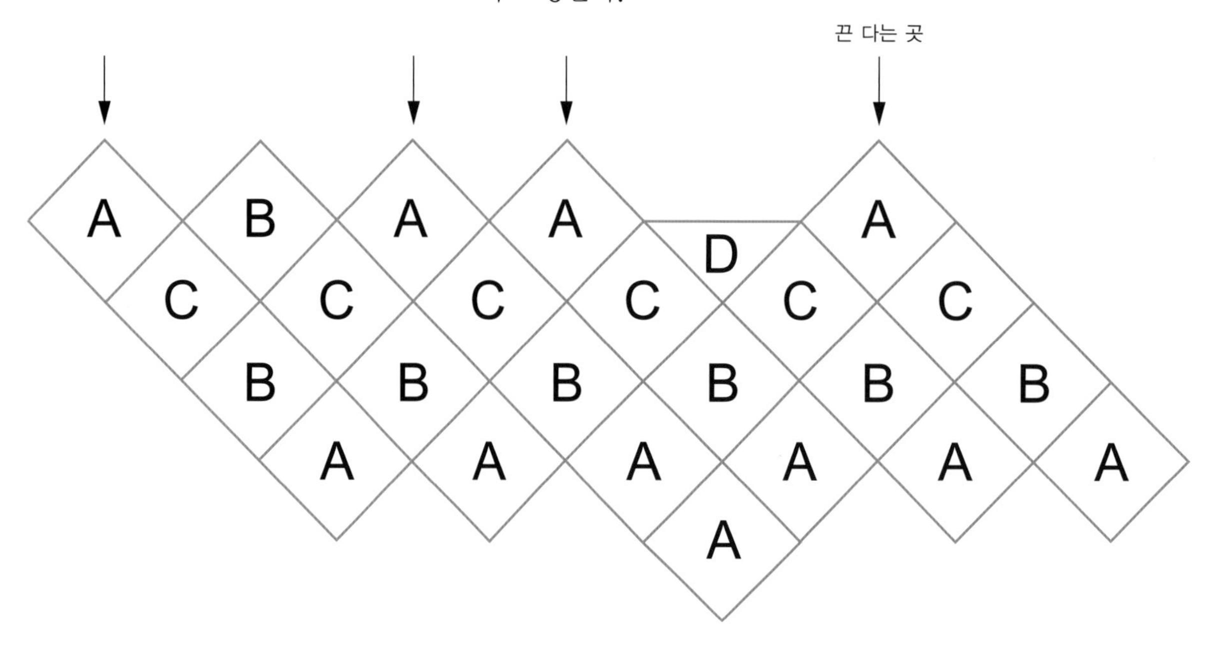

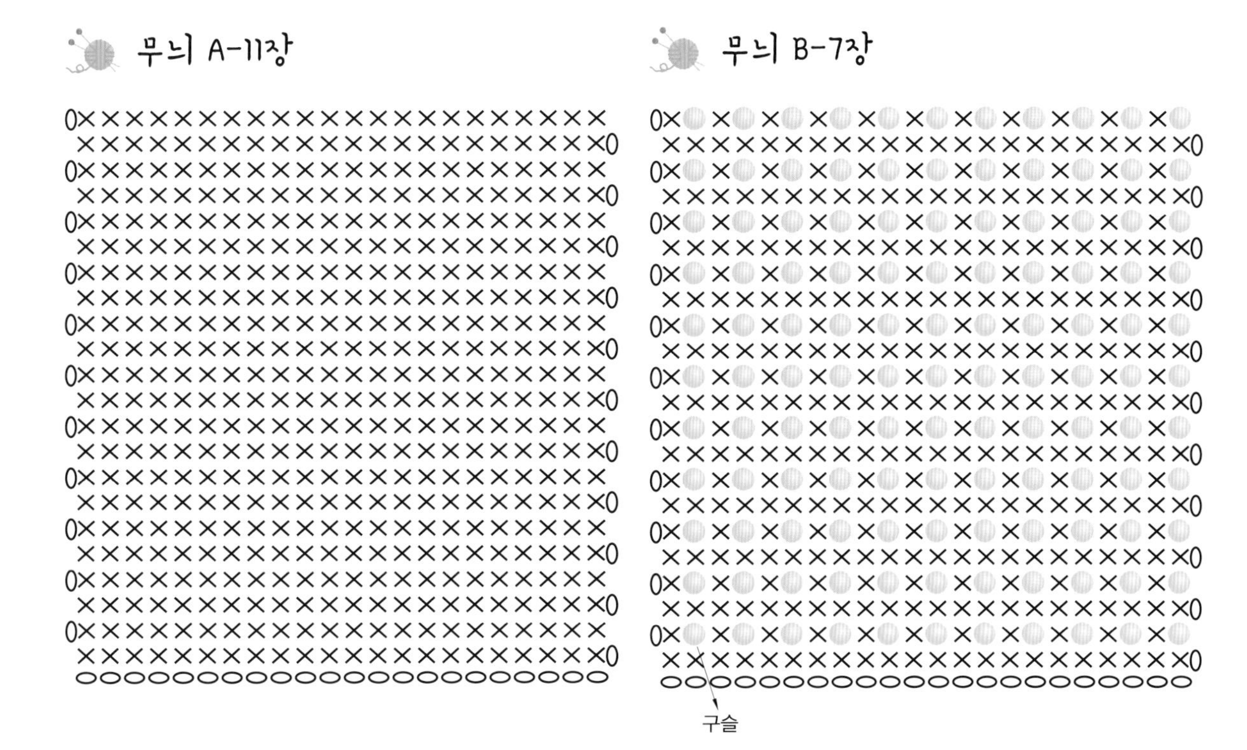
무늬 A-11장
무늬 B-7장
구슬

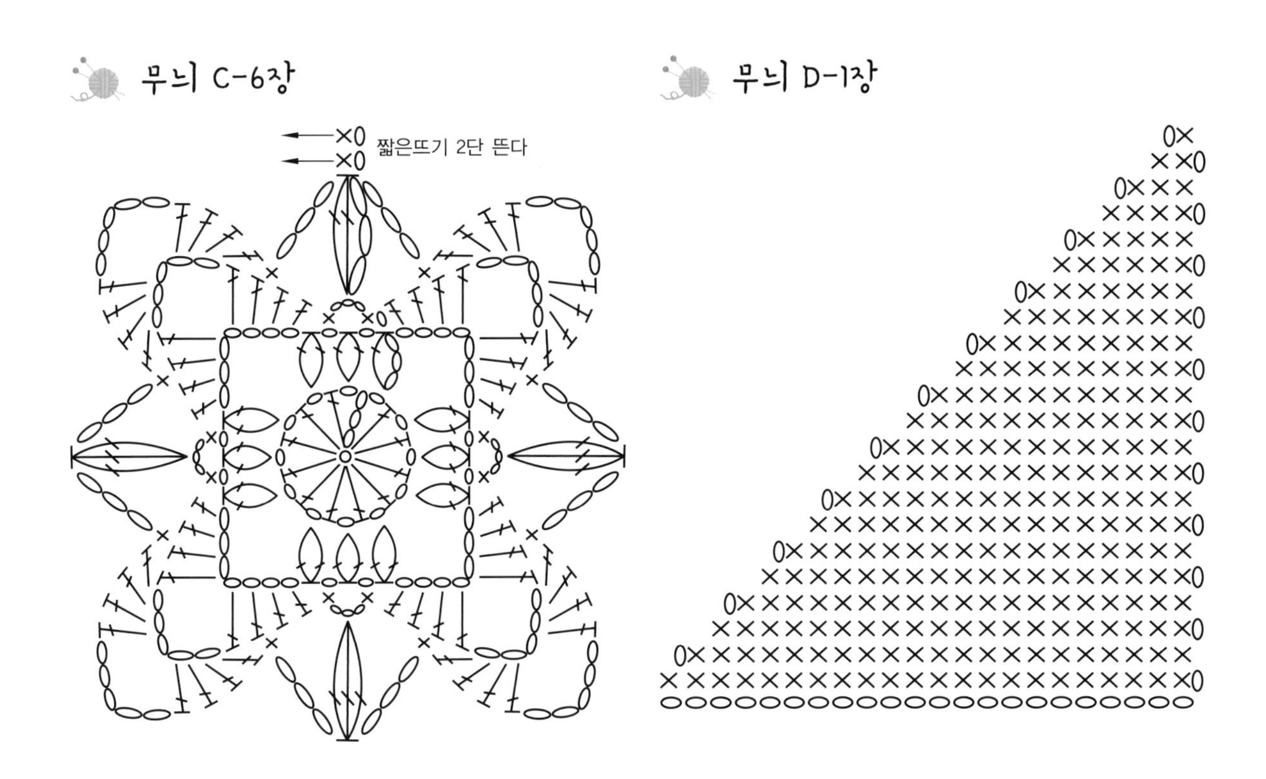
무늬 C-6장
짧은뜨기 2단 뜬다
무늬 D-1장

8 Knitting

엘레강스 손가방

금색의 화려한 반원 모양의 가방이 햇빛 아래 반짝거리는 게 작은 해를 들고 다니는 것 같다. 우아해 보이는 가방이므로 정장 차림과 함께 격식있는 자리에 어울린다.

1. 가방 가장자리뜨기
2. 장식 날개 정리하기

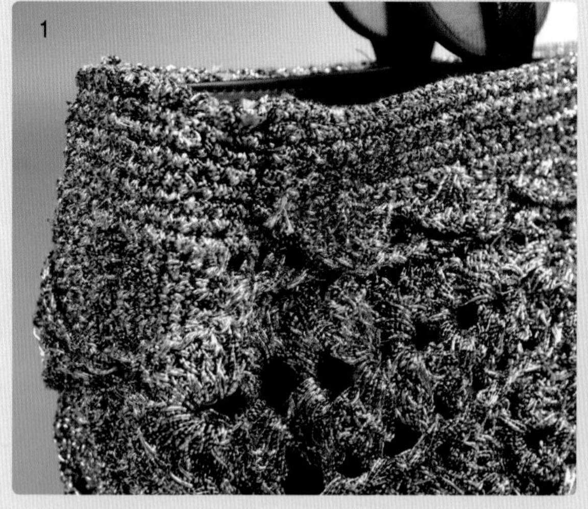

엘레강스 손가방

완성 치수

반지름 28cm

재료와 도구

실 ...... 검정+금박 비닐사
바늘 ... 코바늘 6호

뜨는 방법

❶ 사슬 3코로 링을 만든 후 긴뜨기 12개를 만들어 왕복뜨기하며 코를 늘려 반원뜨기한다.

❷ 17단을 무늬뜨기하며 늘리고 18단은 기둥 긴뜨기에서 7코씩 긴뜨기한다.

❸ 19~26단까지 짧은뜨기한다.

❹ ❶~❸번을 2장을 떠서 짧은뜨기로 붙인 후 입구 부분을 짧은뜨기로 7단을 원통뜨기한다.

❺ 15코씩 양옆에 오픈시키고 앞 · 뒤 부분만 짧은뜨기로 9단 뜨고 마지막 단은 무늬뜨기로 마무리하며 장식면을 만든다.

❻ 가방 안감을 넣은 후 장식 부분은 접어 실로 고정하고 양옆 가장자리는 앞 · 뒤 무늬를 붙여 고정시킨다.

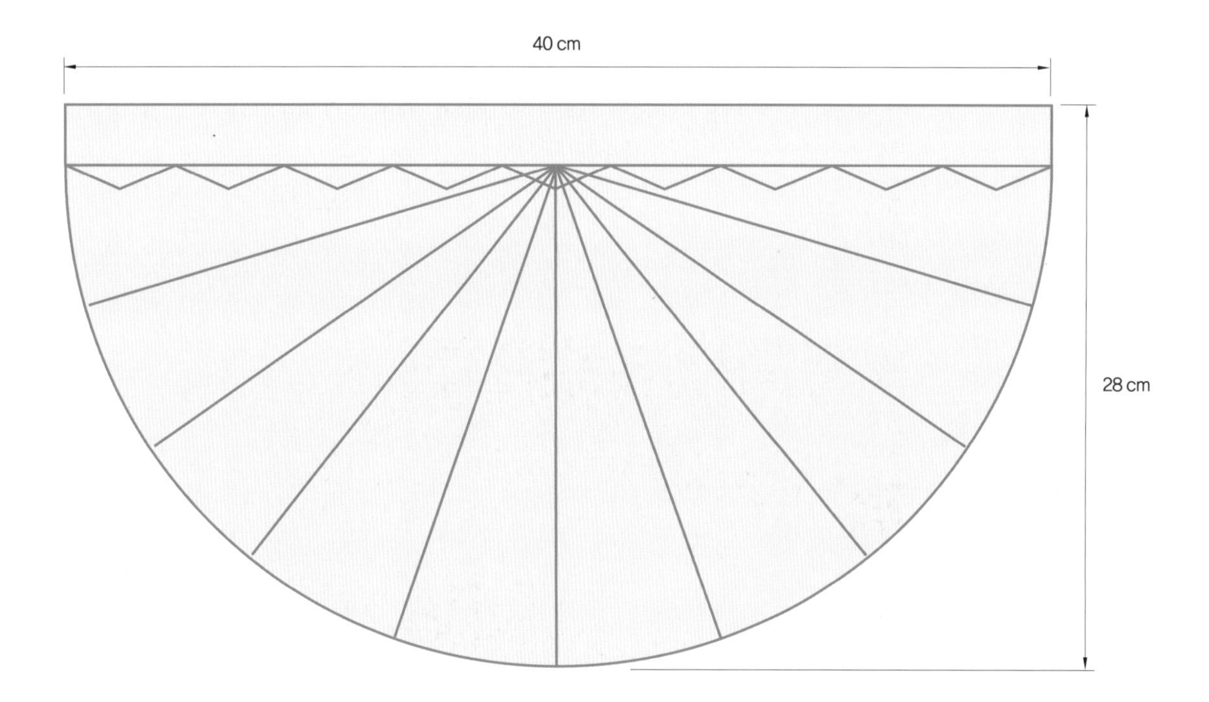

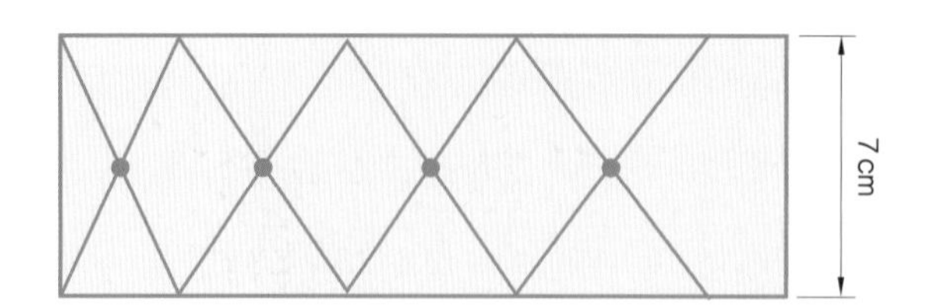

가방 시작 부분

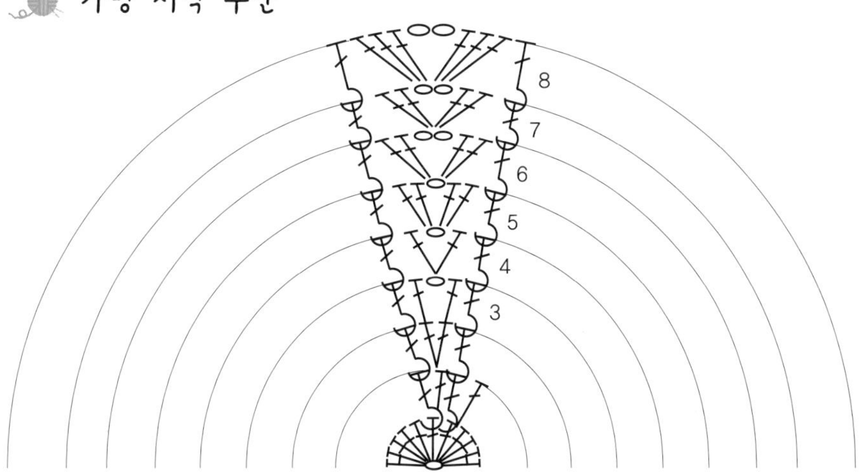

가방 끝 부분

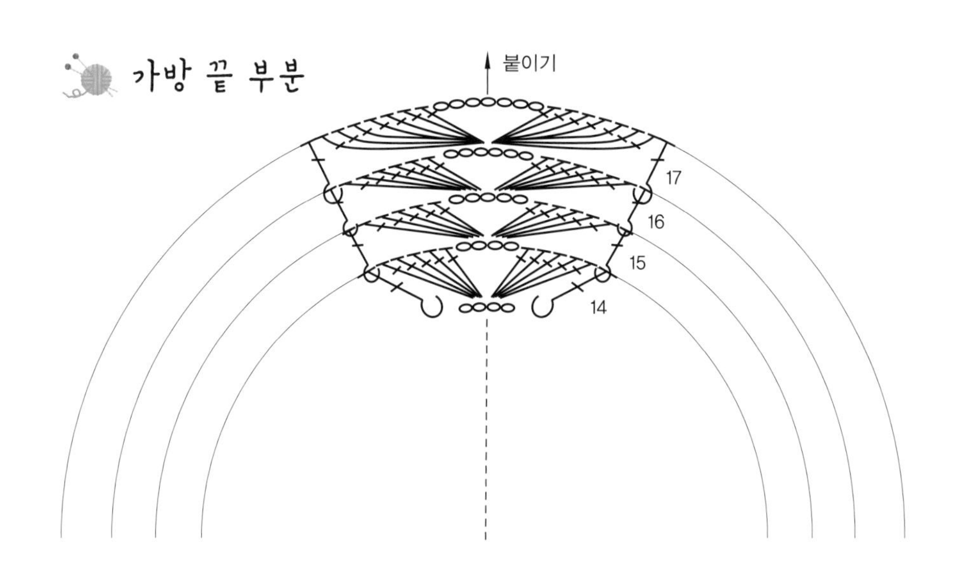

장식 부분

9 Knitting
골프 장갑

내 손으로 직접 뜬 장갑을 사랑하는 사람에게 선물해도 좋다.

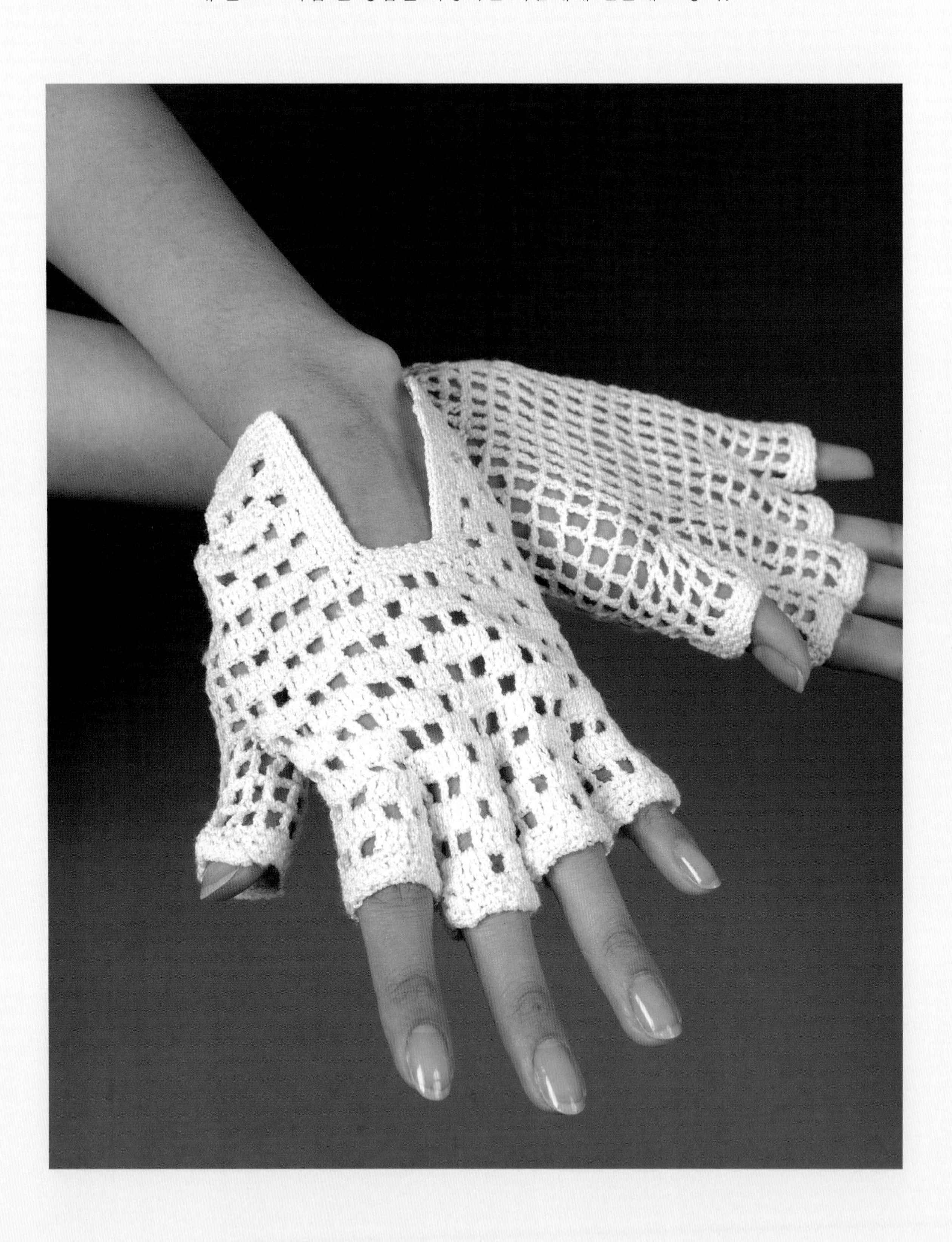

골프 장갑

재료와 도구

실 …… 썸머울(흰색)

바늘 … 코바늘 2호

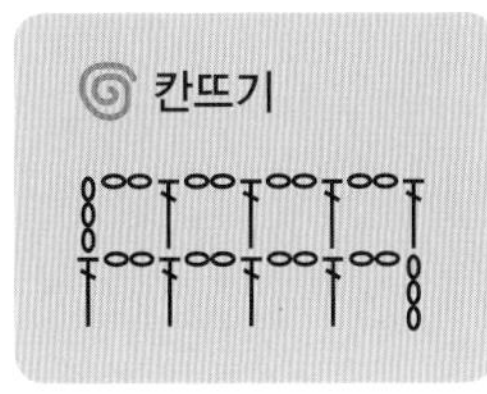

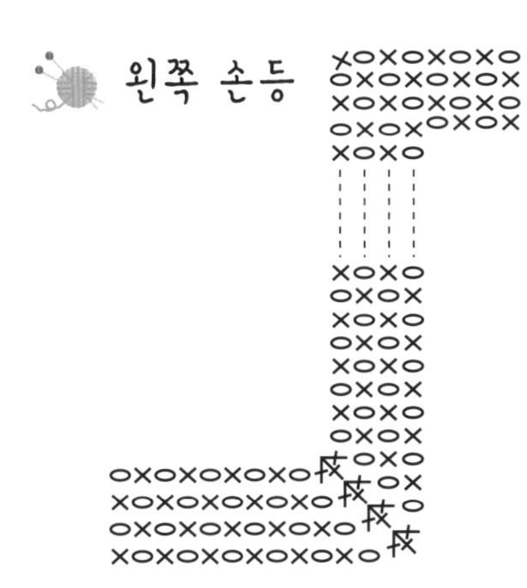

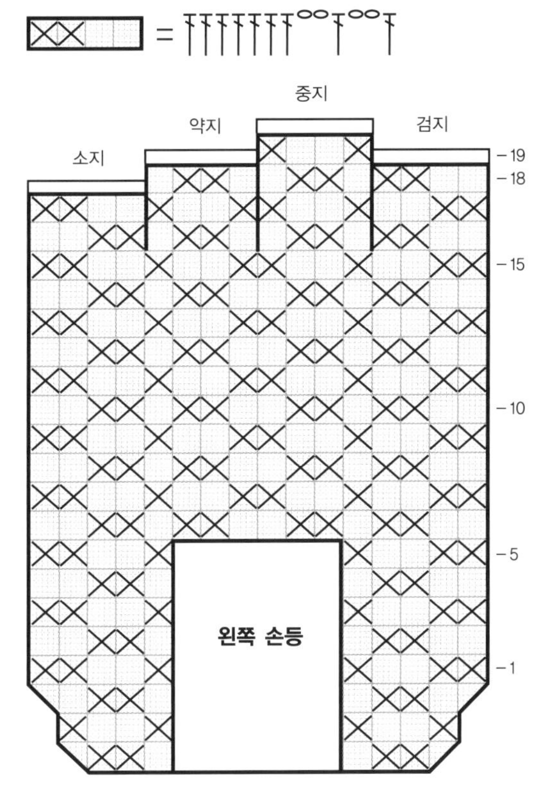

뜨는 방법

❶ 사슬 55코를 시작으로 도안처럼 3단 동안 무늬 8개를 늘리고 8단째 사슬 17코를 만들어 이어 원통뜨기한다.

❷ 엄지손가락 부분은 10단 뜬 후 칸뜨기된 손바닥 부분에서 4칸을 기준으로 사슬 18코를 만들어 이어 원통뜨기로 4단 칸뜨기한 후 벼이랑뜨기로 마무리한다.

❸ 엄지손가락 사슬 만들어진 곳에서 칸뜨기하며 원통뜨기해서 5단 더 올라간 후 검지와 소지는 9칸, 중지와 약지는 10칸씩 되게 나누어 이어 각각 원통뜨기한다.

❹ 손가락 사이사이에는 사슬 3코를 연결해서 무늬를 늘린다.

❺ 검지는 3단 뜬 후 벼이랑뜨기로 마무리하고, 중지는 4단 뜬 후 벼이랑뜨기로 마무리하고, 약지는 3단 뜬 후 벼이랑뜨기로 마무리하고, 소지는 2단 뜬 후 벼이랑뜨기로 마무리한다.

❻ 손목 부분은 전체를 벼이랑뜨기로 4단을 뜨고 오픈시켰던 부분 끝에는 스냅단추를 단다.

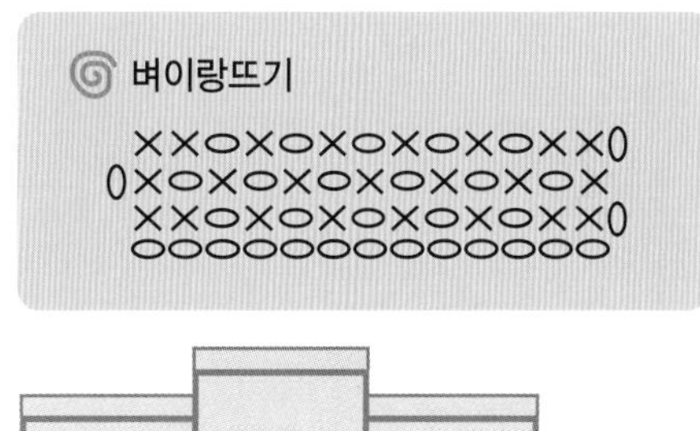

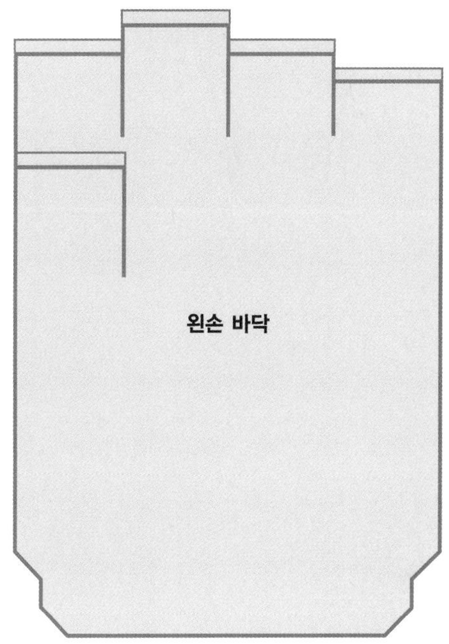

10 Knitting 빨강색 덧버선

여름에 맨발로 다니다 남의 집 방문 때 빨강색 덧버선을 꺼내 신으면 쑥스러움이 사라진다.

빨강색 덧버선

완성 치수
230mm
재료와 도구
실 …… 빨강색 카사리
바늘 … 코바늘 2호

뜨는 방법

❶ 사슬 24코를 시작으로 중심을 잡고 긴뜨기를 두 단 뜬다.

❷ 사슬뜨기 28단을 뜬 후 사슬 15코를 만들어 이은 후 14단을 사슬뜨기로 원통뜨기한다.

❸ 발 앞부리는 긴뜨기와 짧은뜨기를 교대로 뜨며 코를 줄인다.

❹ 마무리 부분은 짧은뜨기로 떠서 막음한다.

❺ 입구 부분은 짧은뜨기 후 피코뜨기한다.

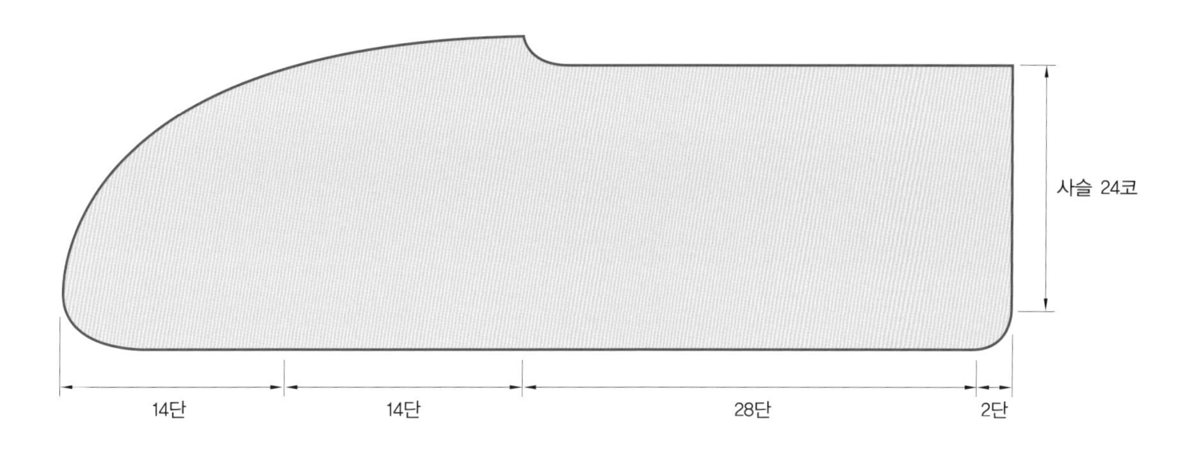

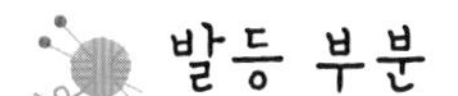

발등 부분

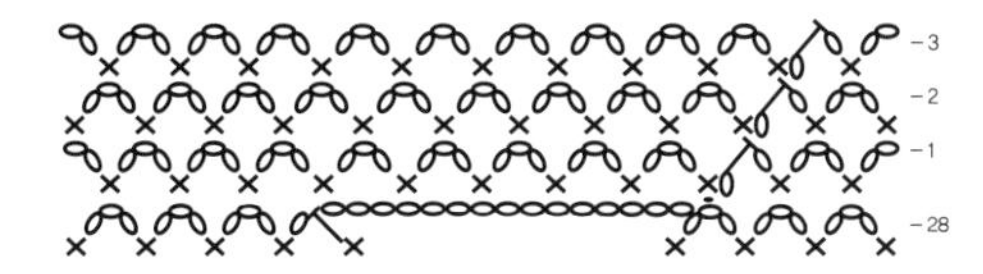

앞부리

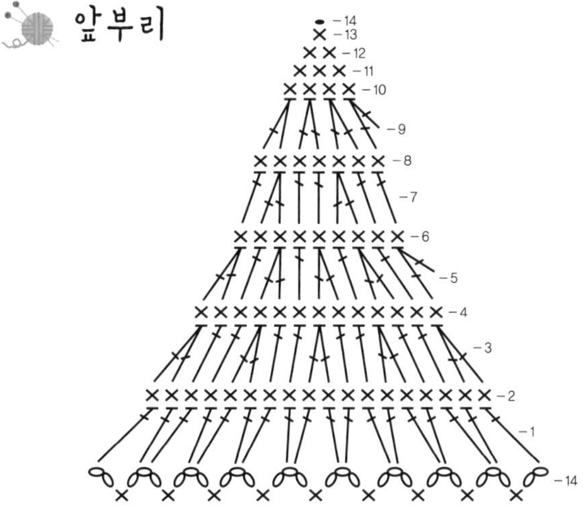

뒷꿈치

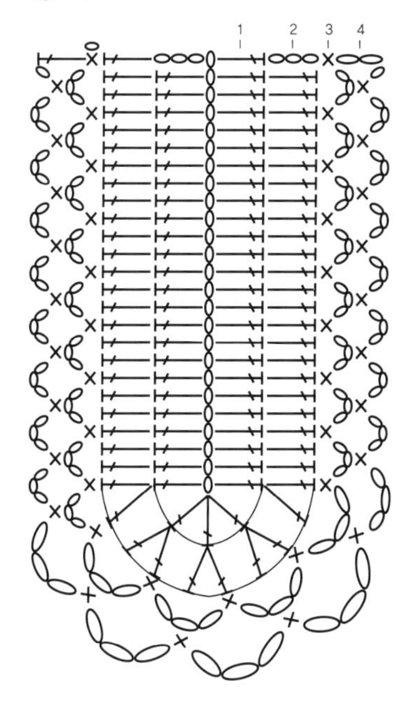

11 Knitting
노랑색 덧버선

아름답게 멋도 내고 걸을 때마다 발지압이 되어서 건강도 지키는 1석 2조의 선물이다.

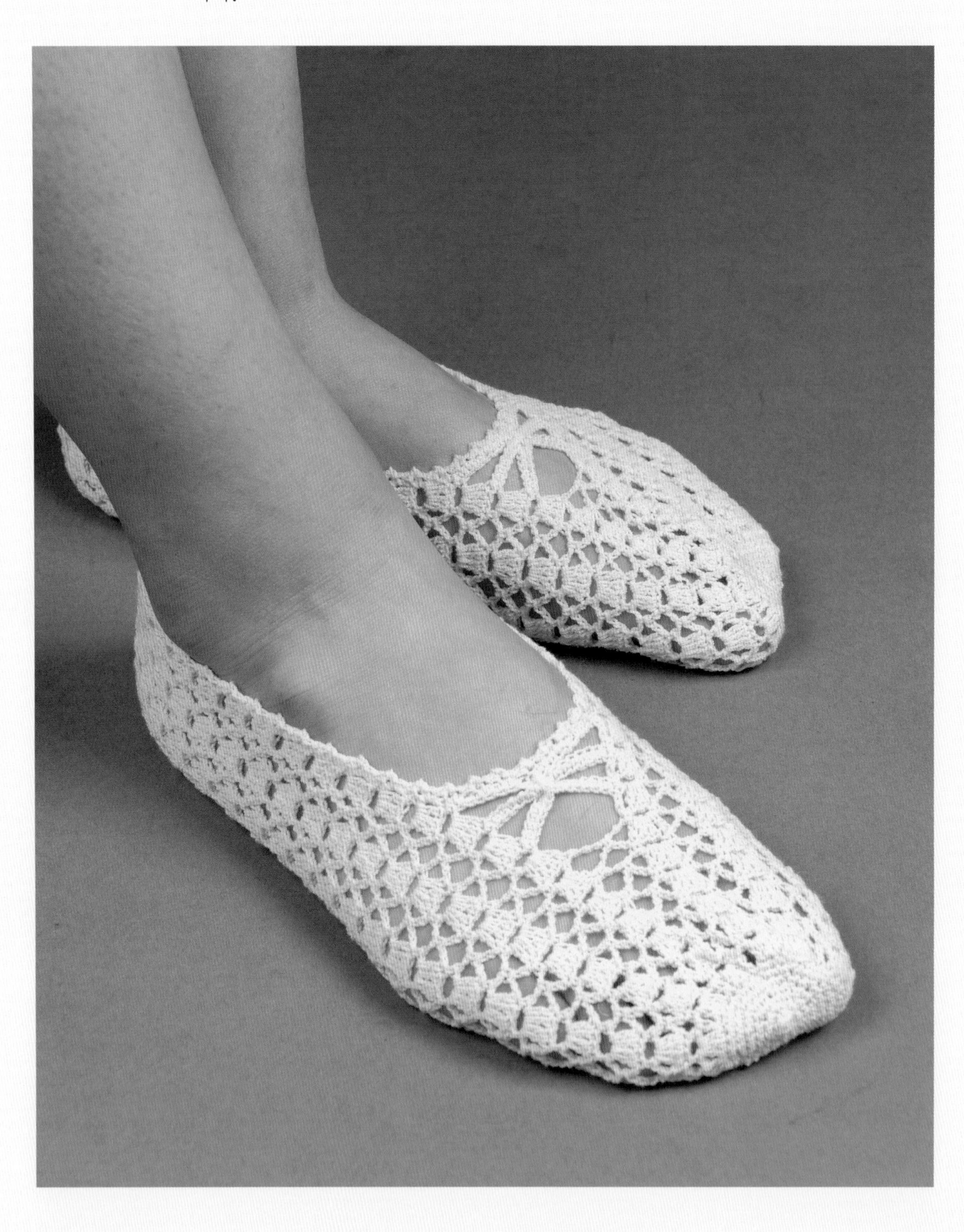

노랑색 덧버선

완성 치수

240mm

재료와 도구

실 …… 노랑색 카사리
바늘 … 코바늘 2호

뜨는 방법

❶ 사슬 30코를 시작으로 중심을 잡고 긴뜨기 1단을 뜬다.
 – 발뒤꿈치 부분

❷ 무늬뜨기 26단 뜨고 사슬 15코를 만들어 발등 부분을 잇는다.

❸ 앞부리는 짧은뜨기로 뜨며 코를 줄여 막음한다.

❹ 입구 부분은 짧은뜨기 후 피코뜨기로 마무리한다.

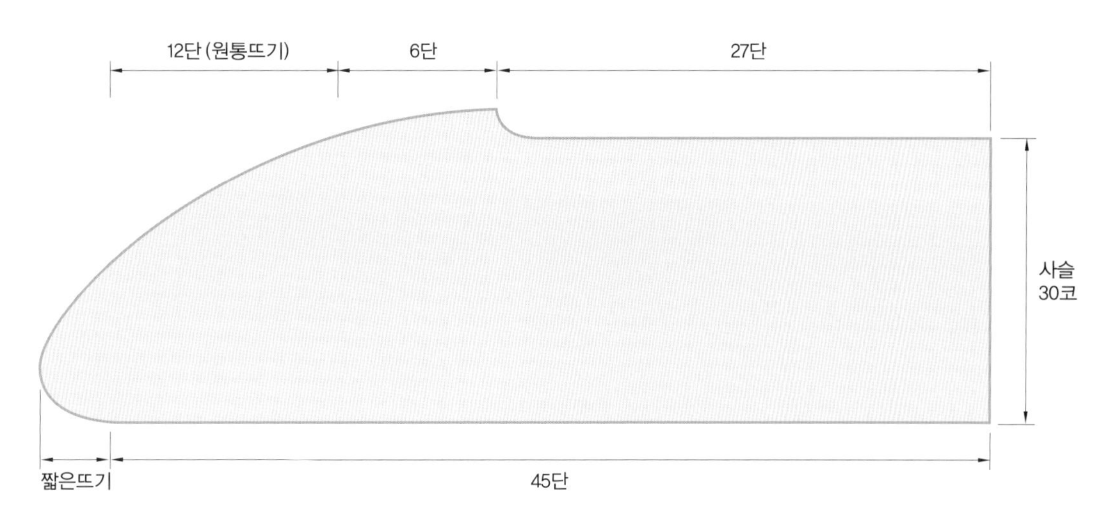

발등 부분

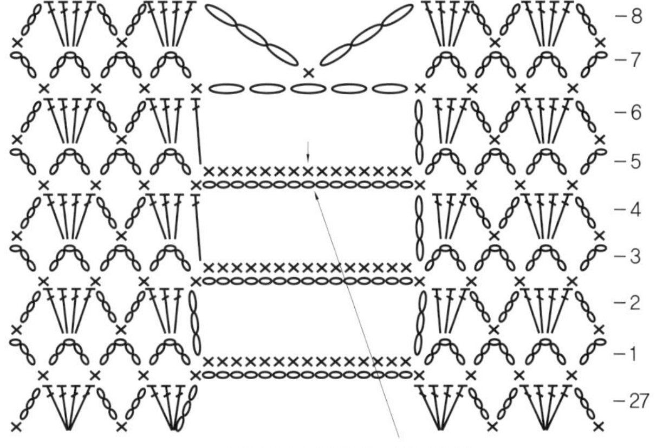

앞부리

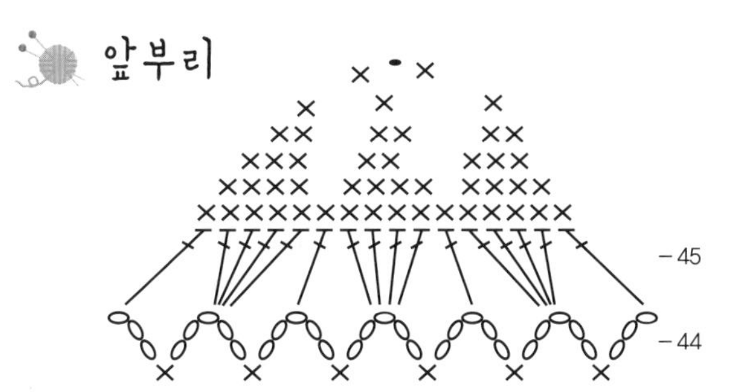

뒤꿈치

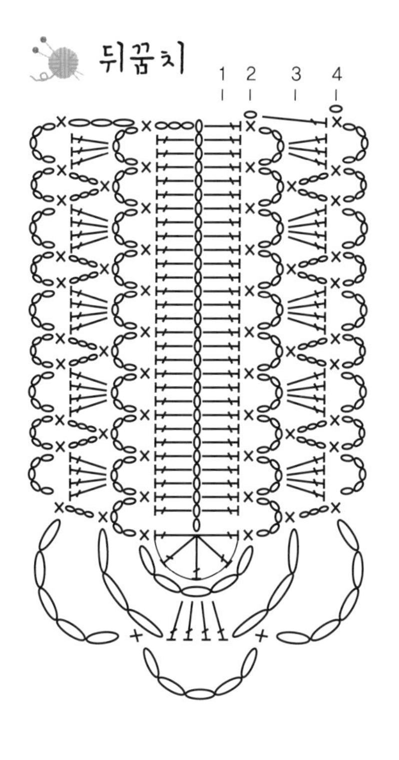

부록

코바늘뜨기 기호와 뜨는 법

코바늘뜨기 기호와 뜨는 법

○ 사슬뜨기

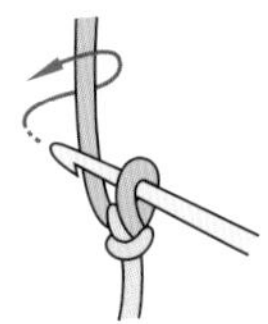

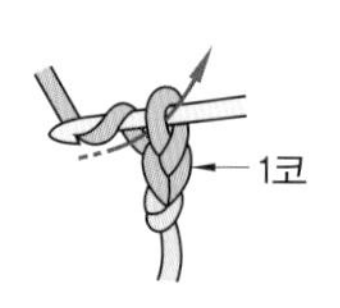

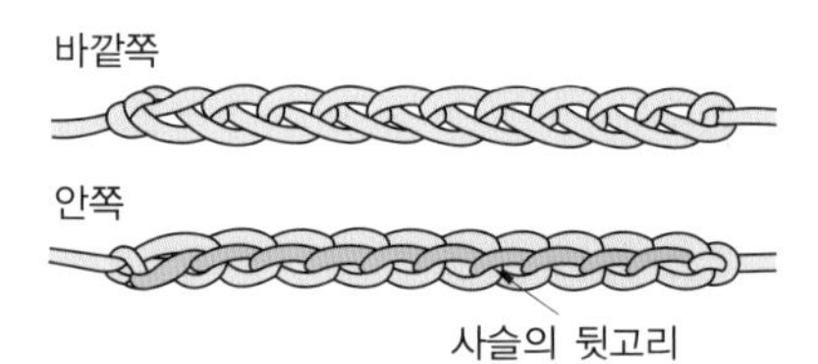

1 화살표와 같이 바늘을 돌린다.

2 고리의 중심으로 실을 꺼낸다.

3 실을 걸어서 2코를 뜬다.

4 시작코는 1코로 세지 않는다.

5 사슬뜨기 코만들기에서 코를 주울 때 보통 사슬의 뒷고리에서 1개씩 줍는다.

● 빼뜨기

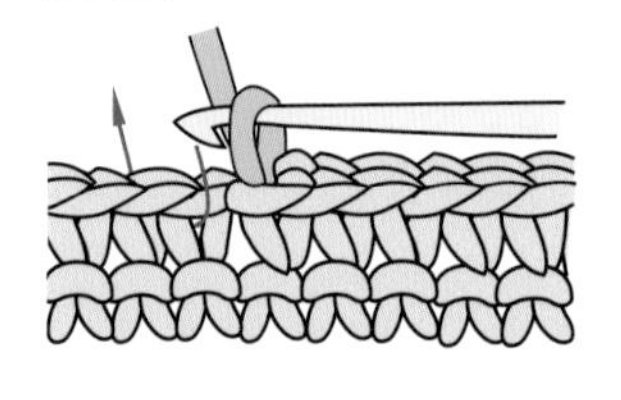

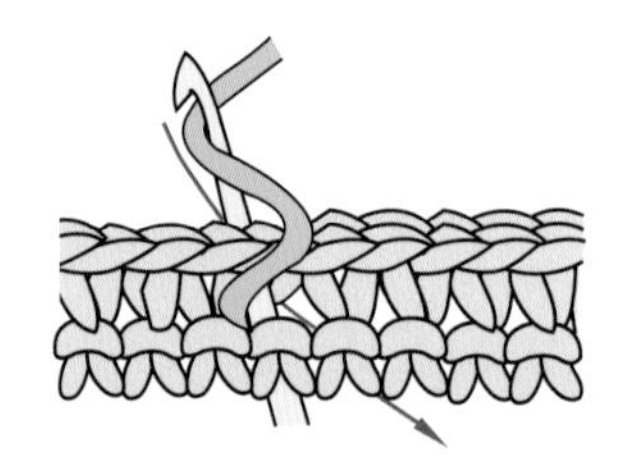

1 화살표 방향으로 바늘을 끼워 실을 걸어 뺀다.

2 걸려낸 코로 바늘에 걸려있는 코를 그대로 통과한다.

X 짧은뜨기

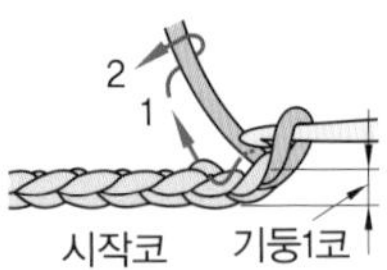

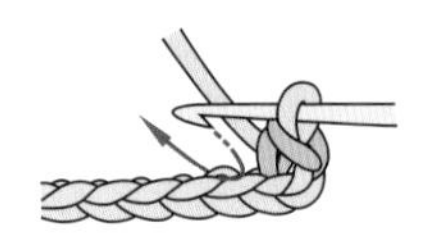

1 사슬 1코를 세워서 2코째 뒷고리에 바늘을 넣는다.

2 바늘에 실을 걸어서 화살표와 같이 빼낸다.

3 한번 더 실을 걸어서 2개의 고리를 한번에 빼낸다.

4 짧은뜨기 1코를 뜬다.

5 1~3을 반복하면 짧은뜨기 3코가 떠진다.

되돌아짧은뜨기

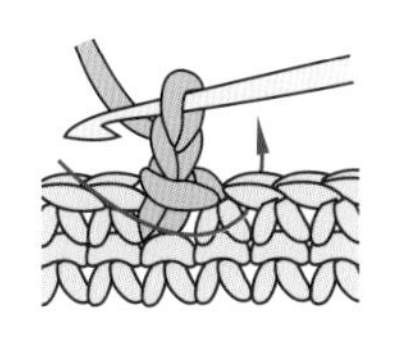

1 바늘을 뒷방향의 코에 끼운다.

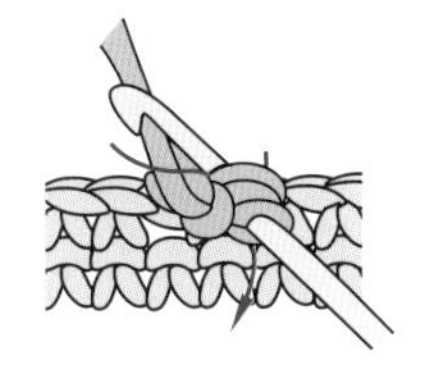

2 실을 걸어서 뺀다.

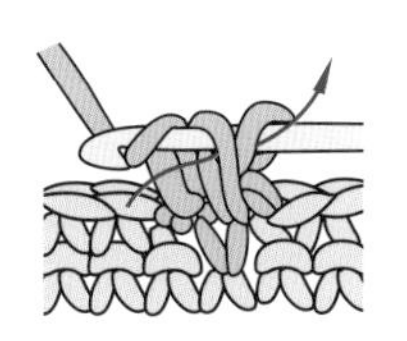

3 2코를 짧은뜨기 하듯 뜬다.

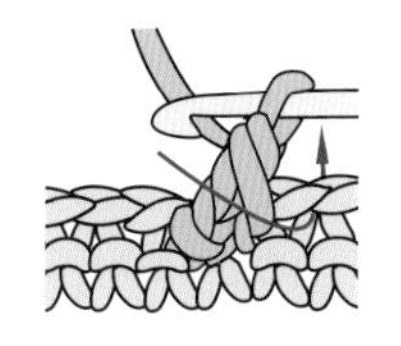

4 바늘은 뒷방향의 코에 다시 끼워 뜬다.

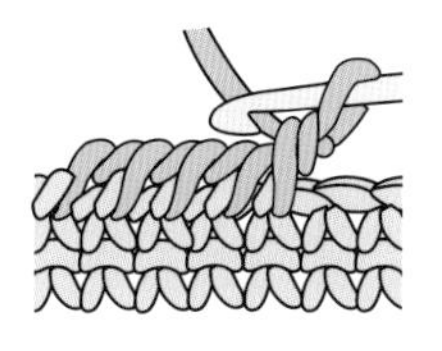

5 1~3을 반복해서 뜬다.

긴뜨기

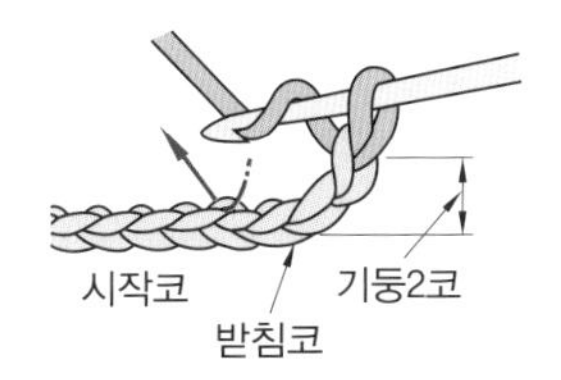

1 사슬 2코를 기둥으로 하여 바늘에 실을 걸어 바늘에서 4번째 사슬의 안쪽 기둥에 바늘을 넣는다.

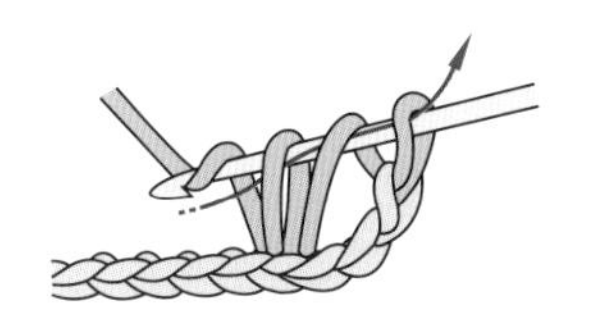

2 실을 걸어서 고리를 빼내고, 고리를 한번에 빼낸다.

3 긴뜨기 1코를 완성한 수 다음 코를 화살표 위치에 넣어 뜬다.

4 기둥을 1코로 셀 수 있으므로 긴뜨기 4코가 된다.

1길 긴뜨기

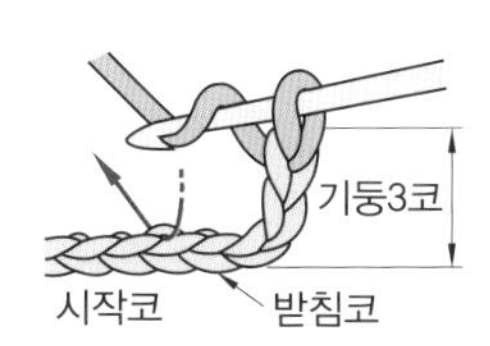

1 사슬 3코로 기둥을 세워 실을 걸어 5코째 사슬 뒷고리에 바늘을 넣는다.

2 실을 빼내서 다시 실을 걸어 2개 고리만을 빼낸다.

3 한번 더 실을 걸어서 나머지 2개를 빼낸다.

4 1길 긴뜨기가 완성되었다. 다음 코에도 1~3을 반복한다.

2길 긴뜨기

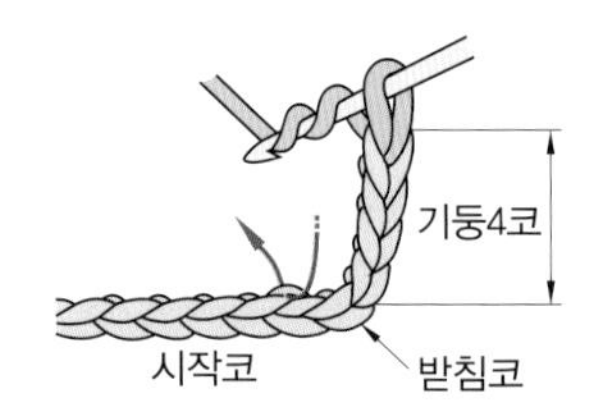

1 바늘에 실을 2번 감아 6번째 코 뒷고리에 실을 넣는다.

2 실을 빼면서 화살표와 같이 2개만을 빼낸다.

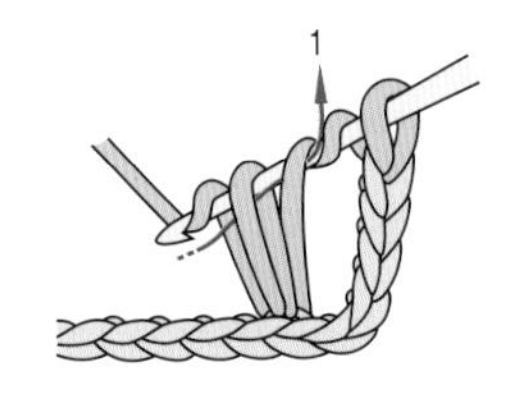

3 다시 실을 화살표와 같이 2개씩 빼낸다.

4 다시 한 번 실을 걸어서 나머지 1개를 빼낸다.

5 2길 긴뜨기가 완성되었다. 1~4를 반복한다.

사슬 3코 피코빼뜨기

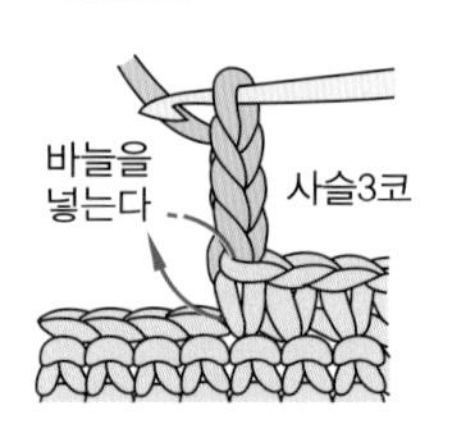

1 사슬 3코를 뜨고, 화살표와 같이 바늘을 넣는다.

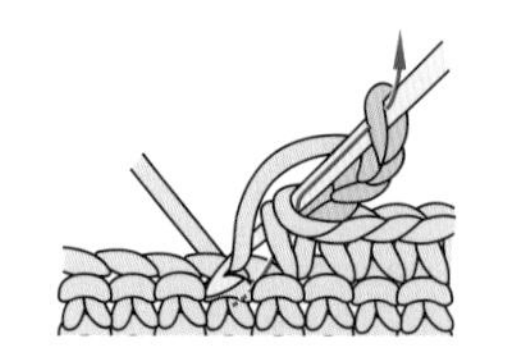

2 바늘에 실을 걸고, 새로운 루프를 빼내고 짧은뜨기를 뜬다.

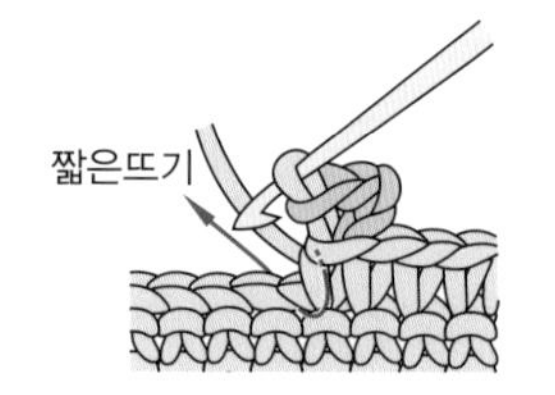

3 완성된 상태이다.

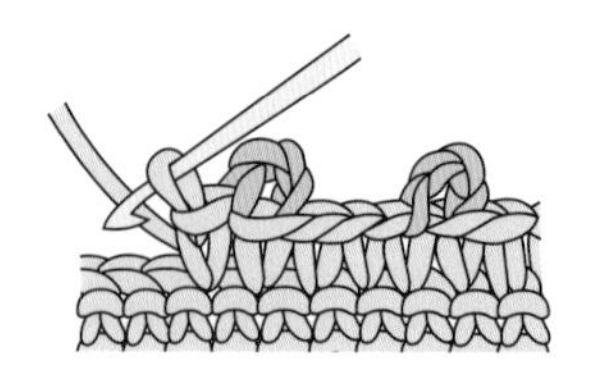

4 간격은 자유롭게 만들어서 다음의 피코를 뜬다.

교차뜨기

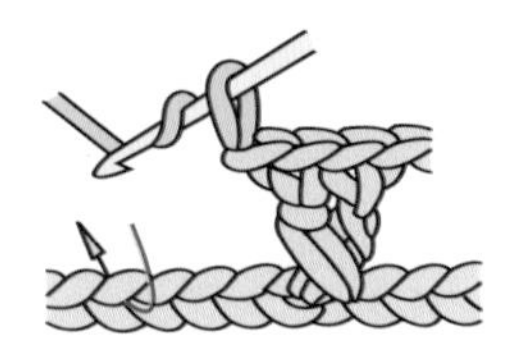

1 사슬 2코를 건너 화살표 방향대로 바늘을 넣어 실을 걸어 1길 긴뜨기를 한다.

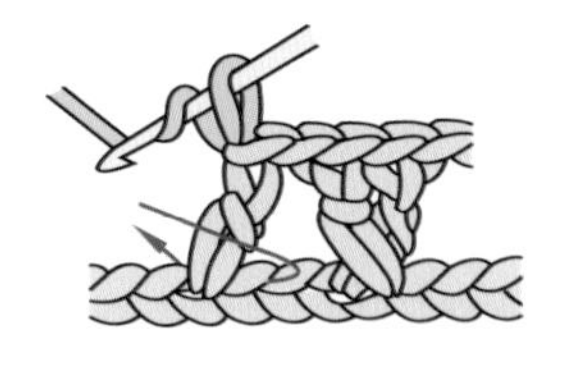

2 1번의 뒷코에 화살표대로 바늘을 넣어 실을 끌어낸다.

3 1번 뜨기된 것과 크로스가 되게 1길 긴뜨기를 한다.

1길 긴뜨기 3코 방울뜨기

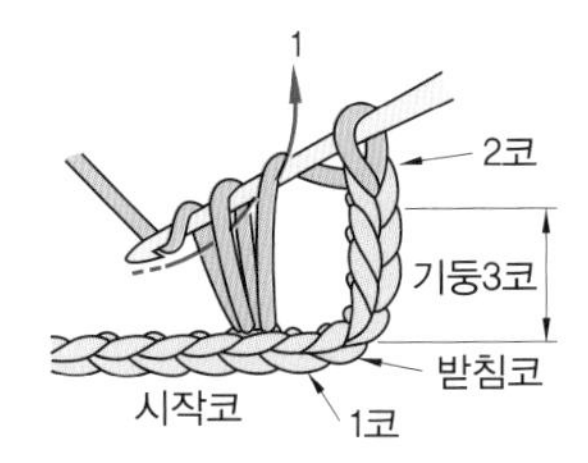

1 기둥은 사슬 3코이다. 먼저 미완성 1길 긴뜨기를 1코 뜬다.

2 같은 코에 바늘을 넣어서 미완성 1길 긴뜨기를 뒤쪽에 2코 뜬다.

3 바늘에 실을 걸어 화살표와 같이 고리 4개를 한번에 빼낸다.

4 1~3을 되풀이해서 1길 긴뜨기 3코 방울뜨기 2개가 완성되었다.

1길 긴뜨기 겉으로 코빼뜨기

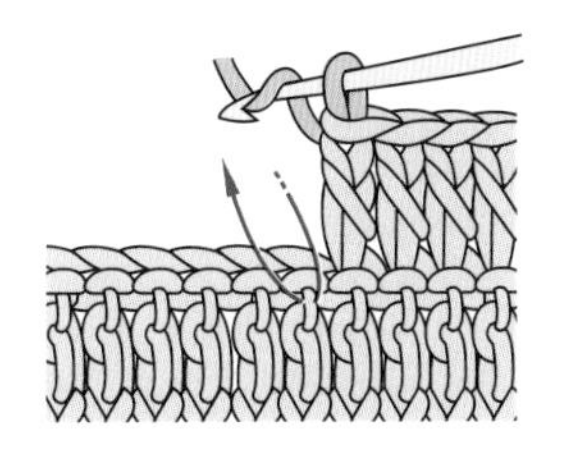

1 화살표와 같이 전단 코의 아래에 바깥쪽부터 바늘을 넣는다.

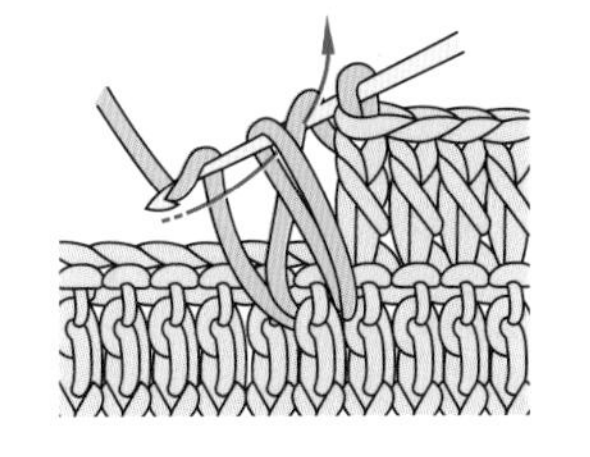

2 바늘에 실을 걸어서 길게 빼내어 고리 2개만 빼낸다.

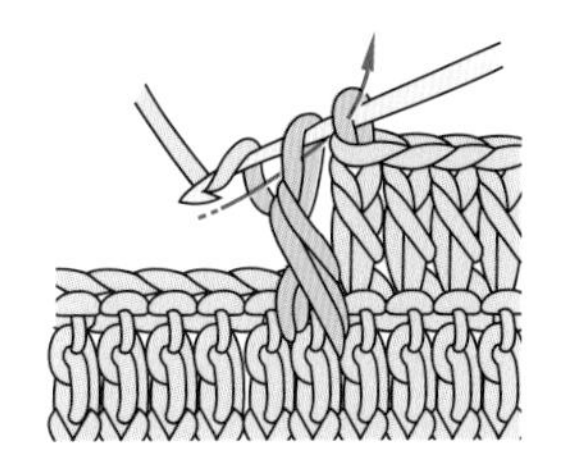

3 화살표와 같이 남은 고리 2개를 빼내서 1길 긴뜨기를 뜬다.

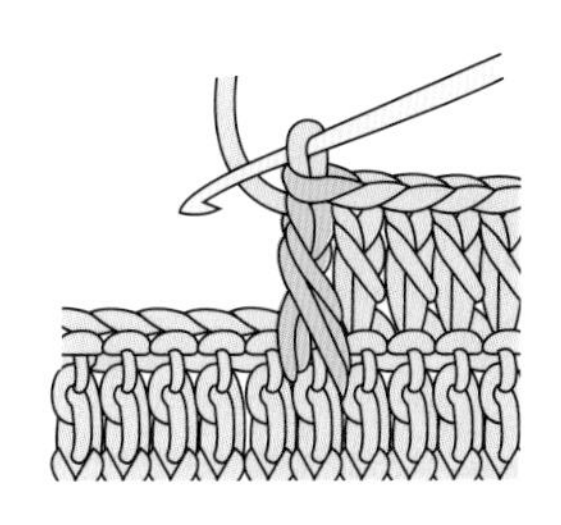

4 1길 긴뜨기 겉으로 코빼뜨기가 완성되었다.

1길 긴뜨기 안쪽으로 코빼뜨기

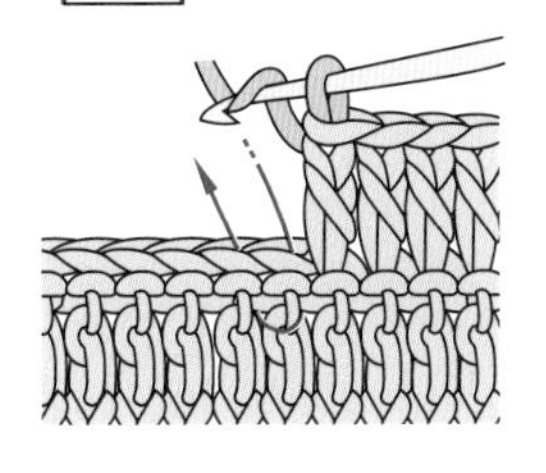

1 화살표와 같이 전단의 코 아래에 안쪽으로 바늘을 넣는다.

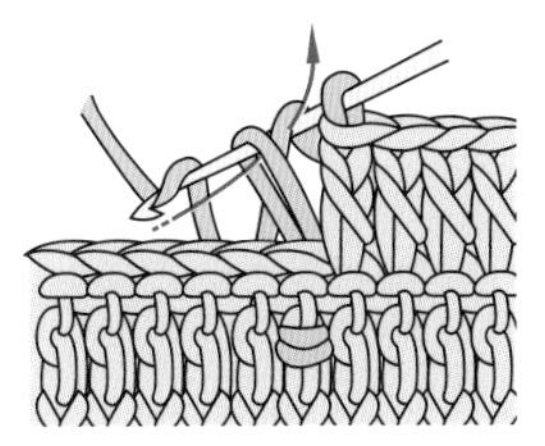

2 바늘에 실을 걸어서 길게 빼내어 고리 2개만 빼뜬다.

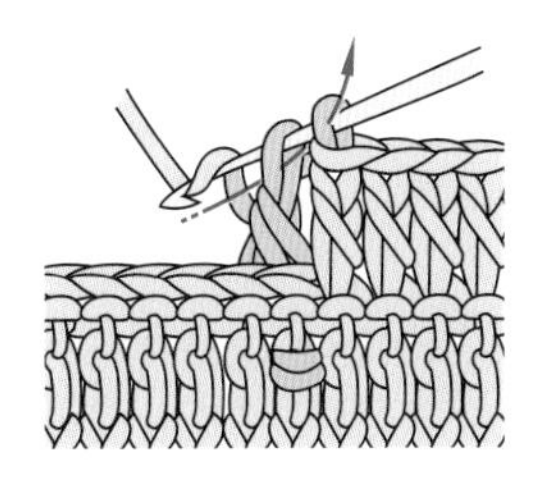

3 화살표와 같이 남은 2개의 고리를 빼내서 1길 긴뜨기를 뜬다.

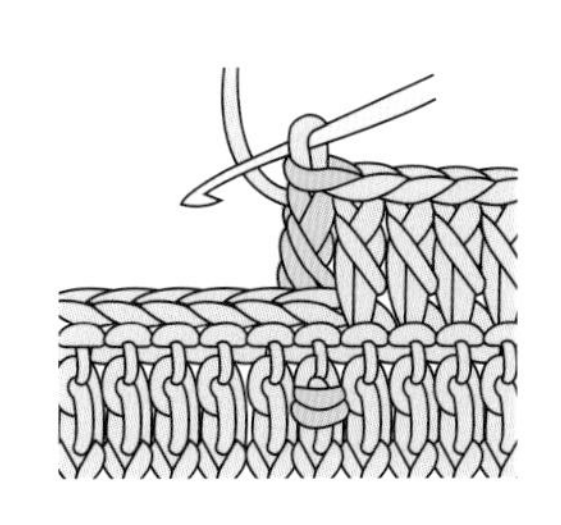

4 1길 긴뜨기 안쪽으로 코빼뜨기가 완성되었다.

봄 · 여름용 패션 손뜨개

2006년 3월 30일 1판 1쇄
2017년 2월 15일 1판 6쇄

저자 : 임현지
펴낸이 : 남상호

펴낸곳 : 도서출판 **예신**
www.yesin.co.kr

04317 서울시 용산구 효창원로 64길 6
대표전화 : 704-4233, 팩스 : 335-1986
등록번호 : 제3-01365호(2002.4.18)

값 18,000원

ISBN : 978-89-5649-037-3

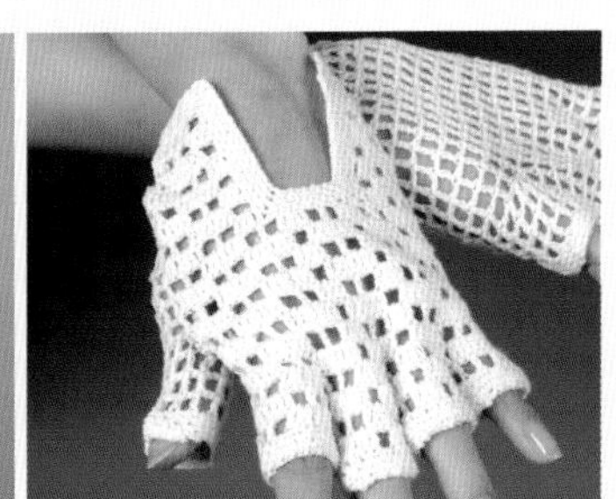